本书受哈尔滨商业大学学科项目："现代服务业支撑龙江振兴发展研究"（项目编号：hx2016001）的资助

经济管理学术文库·经济类

有机食品消费：
消费者价值观和食品属性的双重视角

Organic Food Consumption:
Double Perspectives of Consumer Value and Food Attributes

魏　胜　霍　红／著

U0305295

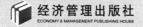

经济管理出版社
ECONOMY & MANAGEMENT PUBLISHING HOUSE

图书在版编目（CIP）数据

有机食品消费：消费者价值观和食品属性的双重视角／魏胜，霍红著. —北京：经济管理出版社，2019.8

ISBN 978-7-5096-6890-0

Ⅰ. ①有… Ⅱ. ①魏… ②霍… Ⅲ. ①绿色食品—消费者—行为分析—研究 Ⅳ. ①TS2

中国版本图书馆 CIP 数据核字（2019）第 183162 号

组稿编辑：杨　雪
责任编辑：杨　雪　亢文琴
责任印制：黄章平
责任校对：张晓燕

出版发行：经济管理出版社
　　　　　（北京市海淀区北蜂窝 8 号中雅大厦 A 座 11 层　100038）
网　　址：www. E-mp. com. cn
电　　话：(010) 51915602
印　　刷：三河市延风印装有限公司
经　　销：新华书店
开　　本：720mm×1000mm/16
印　　张：9
字　　数：155 千字
版　　次：2019 年 8 月第 1 版　2019 年 8 月第 1 次印刷
书　　号：ISBN 978-7-5096-6890-0
定　　价：49.00 元

前　言

随着经济水平的不断提高，人们生活态度的范式正在逐渐发生着转变，对绿色食品和有机食品的偏好正是这一转变的关键内容。我国绿色有机食品的供给在不断增长，2016 年，国家现代农业示范区绿色食品产量达 5058 万吨，有机食品产量达 210 多万吨。但是，有机食品的消费增长率和市场占有率还是远低于传统食品，如何让更多的消费者认知并购买有机食品，仍然是食品企业关注的首要问题。近年来，学者们开始将关注点转到有机食品消费上来，一些影响有机食品购买意愿的消费者特征因素被识别出来，购买有机食品的动机和态度被认为是影响有机食品消费的关键因素。但有机食品本身的属性对有机食品消费的影响少有学者关注，这些属性对有机食品消费的影响机理也没有被揭示出来。本书将同时从消费者特征和有机食品属性两方面入手，来探究有机食品的消费模式。

第一，构建了有机食品消费的整合分析框架。通过对现有关于有机食品消费的前因变量进行深入分析与归类，确定了消费者价值观、消费动机等消费者方面的影响因素，搜索属性、体验属性和信任属性等有机食品属性方面的影响因素，以及国家类型和文化传统等调节变量。

第二，从消费者价值观的视角入手，构建了消费者价值观对有机食品购买意愿的影响机理模型，并进行实证检验。在消费者价值观对有机食品购买意愿的影响机理中，健康关注在利己价值观与有机食品购买意愿的关系中起到部分中介作用，环境关注在利他价值观与有机食品购买意愿的关系中起完全中介作用。

第三，从有机食品感知属性入手，构建了有机食品感知属性对顾客融入的影响机理模型，并进行实证检验。自然成分、感官吸引力、生态关注对感知质量和顾客融入均有显著的正向影响作用。价格对感知质量表现出正向影响作用，对顾客融入则表现出负向影响作用。营养成分对感知质量和顾客融入的影响没有得到数据支持。有机食品的感知质量对顾客融入有正向影响作用。

第四，构建了有机食品信任属性对溢价支付意愿的影响机理模型，并进行实证检验。食品安全直接影响有机食品感知质量，通过感知质量间接影响有机食品感知价值。生态友好直接影响有机食品感知价值，但对感知质量的影响不显著。有机食品感知质量影响感知价值，感知价值影响有机食品溢价支付意愿。有机食品感知质量对溢价支付未产生影响作用。消费者感知到了较高的质量，并不一定愿意为该商品支付更高的溢价，一个可能的原因就是受到经济因素的限制。我们进一步分析了较高收入群体的样本，结果发现，收入较高群体的样本其感知质量通过感知价值影响溢价支付意愿。

本书的研究结论将为有机食品企业的产品设计、零售企业的营销和政府的政策制定提供理论支撑，为有机食品产业的发展提供有意义的指导。

感谢刘芙蓉、姚梦雪、王忠勋、贾雪莲、白艺彩、吕爽、雷喆、李珊珊、王显金等在文献检索与整理、数据收集与分析、排版与校对等方面对本书所做的贡献，感谢经济管理出版社杨雪编辑在出版过程中给予的大力支持。

本书受哈尔滨商业大学学科项目"现代服务业支撑龙江振兴发展研究"（项目编号：hx2016001）的资助。

目　录

第一章　绪　论

第一节　研究背景

食品安全事件使得消费者对食品更加敏感，在购买食品时也会变得更加小心和疑虑重重（Liu and Niyongira, 2017）。食品安全事件源自一系列因素，既包括食品加工企业的违规、违法问题，也包括农业投入品的过度使用，以及由于基础设施、工业化和房地产开发等其他用途对农业土地施加的破坏。农业投入品的过度使用或滥用，导致水污染和赤潮、重金属超标、某些微量元素缺乏，以及其他与食品安全直接相关的事件，例如，农药、生长激素、抗生素和抗寄生虫药物等的残留（Jia and Jukes, 2013; Wang et al., 2013; Liu and Niyongira, 2017）。食品是造成环境影响的三大消费领域之一（Steen-Olsen and Hertwich, 2015），转向有机食品是促进食品消费更可持续的关键行为之一（Pimentel et al., 2005; Reisch et al., 2013）。有机食品再造了传统食品的生产方法，尤其是不使用化学农药和化肥的农业生产（Scott et al., 2014）。

有机食品在西欧和北美已有很好的发展，但在中国却是一种新型的"可持续"食品。全球有机食品的销量在过去二十年中呈上升趋势（Dangour et al., 2010）。消费者对有机食品的需求在不断地增长，并且有持续增长的态势（Massey et al., 2018）。但相对于传统食品来说，有机食品在世界各国的市场份额仍然不大。有机食品在美国的市场份额约为4%，在一些欧洲国家的市场份额为6%~8%（Willer and Lernoud, 2015）。在中国，有机食品的市场份额不足0.5%，即使在北京、上海和广州等大城市也是如此（Yin et al., 2010）。

随着经济水平的不断提高，人们生活态度的范式正在逐渐发生着转变，对健康的偏好正是这一转变的关键内容。健康已经越来越受到人们的关注，越来越多的消费者开始关注食物的营养价值，并努力遵循健康的饮食方式以降低肥胖和慢性疾病带来的风险（Miller and Cassady, 2012）。当消费者做出食品购买决定时，相比于味道、熟悉度和便利性等非健康属性，食品的健康属性就变得越来越重要了（IFICF, 2012; Steptoe et al., 1995）。这种趋势可能会带来有机食品销量的增长，因为有机食品通常被认为具有较高的营养含量（Lea and Worsley, 2005）。但是，事实并非这样，许多消费者并不认可有机食品，甚至不信任有机食品，认为有机食品与传统食品差异不大，花昂贵的价格去购买有机食品是不划算的。在这样的现实背景下，构建有机食品消费的整合分析框架，探究有机食品购买的影响因素就显得异常重要。

根据 Bandura（1991, 1998）的社会认知理论，Conner 和 Armitage（2002）认为，食物选择取决于三个主要因素：食物本身、消费环境和个人。食物本身通过不同途径影响食物选择，包括感官效果，如味道、外观、气味等。消费者寻求具有某些感官特征的食物，就说明感官特征是食物接受和选择的关键决定因素（Costell et al., 2010）。现有研究也表明，预期的味道是食物选择的重要前因变量（Kennedy et al., 2004; Krystallis and Arvanitoyannis, 2006; Stanton et al., 2007; Van Loo et al., 2010; Marian and Thøgersen, 2013）。消费者的个人价值观也会影响其食品选择。各种研究人员都在强调研究人类价值观的重要性，同时衡量价值观在亲环境（道德行为）中的作用（De Groot and Steg, 2009; Fransson and Gärling, 1999）。不仅食品的感官特征和消费者价值观影响食物选择，不同饮食情境中某些特征组合的偏好也会影响食物选择（Conner and Armitage, 2002）。因此，从消费者价值观和有机食品属性两方面入手，同时考虑一些环境变量，探索有机食品的购买意愿，才能更全面地揭示出有机食品购买意愿的形成机理。

消费者一般的价值观取向包含三种：利己价值观、利他价值观和利生态圈价值观（Stern et al., 1993; Stern, 2000）。利己价值观和利他价值观一般被用来解释有机食品的购买。消费者价值观对有机食品购买意愿有直接或间接的影响作用，但是影响作用的方向并没有达成共识，例如，Van Doorn 和 Verhoef（2015）得出，利己价值观和利他价值观对有机食品的购买行为有负向影响作用，而 Yadav（2016）得出，利己价值观和利他价值观对有机食品购买意愿有正向影响作用。可见，消费者价值观对有机食品购买意愿的影响机理并没有完全被揭示出来。

有机食品的感知属性主要包括营养成分、自然成分、生态关注、感官吸引力和感知价格（Lee and Yun，2015）。有机食品的感知属性影响消费者的功能态度和享乐态度，进而影响有机食品的购买意愿（Lee and Yun，2015）。有机食品的哪些属性会促进消费者的感知质量，进而带来更高的顾客融入？这些问题还没有明确的结果。有机食品的一些属性属于信任属性，例如，生态友好与食品安全，这些属性是否会促进质量感知和价值感知，进而带来更高的溢价支付？现有研究并没有合理的解释。

基于以上的研究缺口和想法，本书将从消费者价值观和有机食品属性两方面入手，探索有机食品的购买意愿。第一，探索消费者价值观对有机食品购买意愿的影响机理，价值观对人的行为的影响是间接的，价值观会通过哪些变量影响到有机食品的购买意愿？这非常值得探究。第二，探索有机食品感知属性对有机食品购买意愿和溢价支付的影响机理。有机食品的感知属性是多方面的，这些属性是否会直接影响有机食品的购买意愿？如果不是直接影响，那么通过哪些因素影响有机食品的购买意愿？这些目前尚不清晰，仍然值得探讨。第三，探索有机食品信任属性对溢价支付意愿的作用机理。

本书的主要内容包括：第一，对现有文献进行整理与探索，梳理出现有研究的发展脉络，确定现有研究中的理论缺口；第二，构建有机食品购买意愿形成的理论体系；第三，构建消费者价值观对有机食品购买意愿的影响机理模型，并进行实证检验；第四，构建有机食品感知属性对有机食品顾客融入的影响机理模型，并进行实证检验；第五，构建有机食品信任属性对溢价支付的影响机理模型，并进行实证检验；第六，对本书的结论进行讨论，并给出管理启示。

第二节　研究问题与关键概念界定

一、研究问题

通过对现有文献进行梳理，确定本书中研究的理论缺口，本书将通过如下问题的解决来完善现有理论缺口：

第一，有机食品消费行为的理论建构。有机食品消费研究经过在西方几十年、在中国近十年的发展，已经积累了一些理论成果。现有研究从不同的视角对有机食品购买意愿和溢价支付意愿进行了解释和检验。本书将对这些研究进行归纳，梳理出影响有机食品消费的影响因素，并进行归类与整理，构建出有机食品消费行为的整合分析框架，同时找出现有研究中的不足和缺口，为后续的实证研究提供理论支持。

第二，构建消费者价值观对有机食品购买意愿的影响机理模型，并进行实证检验。消费者价值观既会影响消费者行为，也会影响有机食品的选择行为。本书将基于利己价值观和利他价值观，同时引入健康关注和环境关注两个变量，确认利己价值观通过健康关注、利他价值观通过环境关注这两个路径对有机食品购买意愿的影响作用。同时，利用调查问卷获取数据，并进行模型验证。

第三，构建有机食品感知属性对顾客融入的影响机理模型，并进行实证检验。本书从有机食品感知属性的视角入手，依据现有文献中对有机食品感知属性的分类，即营养成分、自然成分、生态关注、感官吸引力和感知价格，引入有机食品感知质量这一变量，构建有机食品感知属性对顾客融入的影响机理模型。同时，利用调查问卷回收数据，并进行假设检验。

第四，构建有机食品信任属性对溢价支付意愿的影响机理模型，并进行实证检验。有机食品属于信任型产品，信任属性包括食品安全和生态友好，本书引入感知质量和感知价值，构建信任属性对有机食品溢价支付意愿的影响机理模型。同时，利用调查问卷回收有机食品溢价支付的数据，并进行假设检验。

二、关键概念界定

有机食品。国际上普遍采用"organic food"的称呼，一般指天然、无污染的食品。具体内涵是指按照有机农业的生产标准，通过有机农业生产体系进行生产和加工，由相关认证机构独立认证，达到有机生产标准要求的一系列产品。有机生产过程不允许采取处理辐射的技术和转基因技术，禁止采用化学类合成物质，如化学类农药、化肥等。有机生产基地不存在环境污染问题，种植的产品在收集、清洗、储存、运输等过程中不受化学物质污染，加工过程有完整的记录。有机食品是一种高质量的食品，兼具自然、营养、环保、安全等优良属性（Smith-Spangler et al.，2012）。

消费者价值观。价值观是指"一个理想的跨情境目标，在重要性上有所不同，它作为一个人在其他社会实体的生活中的指导原则"（Schwartz，1992）。亲环境行为和绿色消费行为的文献表明，利己价值观（egoistic value）和利他价值观（altruistic value）是两个重要的行为决策驱动因素。利己价值观的消费者尽力最大化自己的个人产出；利他价值观反映了对他人的关注。

有机食品感知属性。有机食品反映出来的内在特征或外在特征即是有机食品的感知属性，消费者能够感知到这些特征，并基于这些特征做出判断。一种典型的分类方法是从五个感知属性来分，即营养成分、自然成分、生态关注、感官吸引力和感知价格。营养成分主要是指有机食品包含更多的维生素、矿物质和蛋白质等；自然成分是指有机食品不含添加剂和人造成分；生态关注是指有机食品的生产制造过程不会伤害到其他动植物的生存和生产；感官吸引力是指有机食品有更好的质地、外观和味道；感知价格是指消费者感知到的有机食品价格是高还是低。

有机食品信任属性。产品属性可以分为搜索属性、体验属性和信任属性（Nelson，1970）。搜索属性是指购买之前可以评估的属性；体验属性是指需要消费并体验才能评估的属性；信任属性是消费者在购买或使用后也很难评估的属性（Ford et al.，1988）。由于有机食品的生产过程与传统食品存在差异，使得有机食品的很多属性属于信任属性，有机食品的信任属性主要包括食品安全和生态友好。

第三节　研究意义

一、理论意义

本书从消费者价值观和有机食品属性两方面入手，探索有机食品消费意愿和消费行为的前置因素，涉及的有机食品消费行为变量有购买意愿、顾客融入和溢价支付意愿。具体来说，本书中研究的理论意义有以下几点：

第一，现有研究已经开始关注消费者价值观对有机食品消费的影响作用，尤其是消费者价值观对有机食品消费的直接影响作用，但消费者价值观对有机食品消费的影响机理并未被揭示出来，比如消费者价值观将会驱动其产生特定的消费动机，进而促进消费行为的发生。本书将探索消费者价值观驱动下的有机食品消费动机，形成消费者价值观对有机食品消费影响的完整解释链，这将进一步完善消费者价值观视角下有机食品购买意愿的形成机理。

第二，有机食品在很多属性上与传统食品存在差别，有机食品的哪些属性能够提升消费者的质量感知，并能够带来更高的顾客融入？现有文献并没有对此进行系统研究。本书将依据现有文献，对有机食品的感知属性进行梳理，构建有机食品感知属性对顾客融入的影响机理模型，这将进一步增强有机食品顾客融入的解释力。

第三，有机食品属于信任型产品，其信任属性是区别于传统食品的关键属性，消费者能否因为这些信任属性而产生溢价支付意愿？现有文献并未对此进行完整的研究。本书将构建有机食品信任属性（主要包括食品安全和生态友好）对消费者有机食品溢价支付意愿的影响机理模型，这将进一步完善有机食品溢价支付意愿的相关研究。

二、实践意义

从消费者价值观和有机食品属性两方面入手来研究有机食品消费问题，将为有机食品企业提供决策上的依据。第一，确定价值观驱动下的购物动机对有机食品购买意愿的影响作用，不仅能够促使企业更有效地进行市场细分，使得确定的目标市场也更加准确，而且也能够促使企业更有效地进行产品设计，从而更好地满足消费者的购物需求。第二，对有机食品感知属性进行分类与梳理，并确定其对消费者行为的影响作用，将会使企业明确哪些属性在此方面能够激励消费者购买，哪些属性在此方面不发挥作用，这样企业就能够区别对待不同的产品属性，将那些能够起到激励消费作用的属性有效融入到产品宣传中。这样做不仅能够促使企业更有效地发挥优势产品属性的作用，也能够给企业带来更多的顾客反馈。第三，确定了有机食品信任属性对溢价支付意愿的影响机理，将会促使企业更有针对性地设计产品，即企业可将信任属性融入到产品设计中，让消费者感知到这种无法通过消费来评估的属性，从而提高消费者的溢价支付意愿。

第四节　研究方法

本书主要采用文献研究法和问卷调查研究法对有机食品消费的形成机理进行研究。

文献研究法。本书以"有机食品""绿色食品""有机食品消费""有机食品购买意愿""顾客融入""消费者价值观""有机食品消费动机""有机食品属性"等为关键词在中英文数据库中进行搜索，共搜索相关文献 500 余篇，其中，与本书直接相关的文献 150 余篇，然后对这些文献进行归纳、整理并提取其中的关键结论和观点。首先，构建了有机食品消费的整合分析框架，为后续的实证研究提供理论基础（详见本书第三章）；其次，梳理出各变量之间的逻辑关系，从消费者价值观和有机食品属性的视角构建有机食品消费的形成机理模型，提出合理假设，并进行实证检验（详见本书第四、第五和第六章）。

问卷调查研究法。本书的第四至六章的实证研究数据主要通过问卷调查获得（详见本书附录 1、附录 2、附录 3）。问卷题项都是依据现有文献中的成熟量表，每份问卷都包含三部分，一是引导语，二是问卷主体，三是人口统计变量。

主要采用的数据分析方法有描述性统计分析、信度与效度分析、结构方程模型、Bootstrapping 和回归分析，下面将简单介绍这些方法在本书中的应用。

描述性统计分析。描述性统计分析主要用来了解数据样本的人口统计变量特征和构念观察值的基本分布趋势，使用的统计指标主要包括频率分布、均值、标准差。其中，频率分布主要应用于对本书第四至六章的样本分析；均值是将所有观察值相加之和除以观察值的个数得到的结果，是集中趋势的最主要测度值，主要适用于数值型数据；标准差是方差的正的平方根，反映每个数据与其平均数相比平均相差的数值，能表现出数据的离散程度。本书对第四至六章的测量题项进行了均值和标准差分析，以检测各题项的数据是否能够用于后续分析。

信度与效度分析。信度和效度的检验主要是为了保证测量的质量。信度是测量的一致性程度。信度分析最常用的方法就是计算 Cronbach's α 值。本书在第四至六章均计算了各变量的 Cronbach's α 值，结合修正的题项—总体相关系数，确定各变量的信度。本书第四至六章的测量均采用前人研究中的量表，内容效度能够得到保证。本书第四至六章采用验证性因子分析对各构念的建构效度进行了检验。

结构方程模型。结构方程模型（SEM）是基于变量的协方差矩阵来检验观察变量和潜变量之间假设关系的一种多重变量统计分析方法，是通过收集的数据来验证基于理论建立的假设模型的一种统计方法。本书第四章和第六章的假设采用结构方程模型来检验。

Bootstrapping。统计学中，Bootstrapping 指依赖于重置随机抽样的一切试验。Bootstrapping 可以用于计算样本估计的准确性。对于一个采样，我们只能计算出某个统计量（如均值）的一个取值，无法知道均值统计量的分布情况。但是通过 Bootstrapping，可以模拟出均值统计量的近似分布。假设抽取的样本大小为 n，在原样本中有放回的抽样，抽取 n 次。每抽一次形成一个新的样本，重复操作，形成很多新样本，通过这些样本就可以计算出样本的一个分布。本书第四章和第六章采用 Bootstrapping 这种方法来检验中介效应。

回归分析。回归分析（regression analysis）是确定两种或两种以上变量间相互依赖的定量关系的一种统计分析方法。回归分析包含线性回归和非线性回归等多种类型。本书第五章采用了线性回归来检验有机食品属性、质量感知和顾客融入的关系。

第五节　本书结构

针对上述的研究缺口和研究问题，本书将整理有机食品消费的相关文献，从消费者价值观和有机食品属性两方面入手，探究消费者的有机食品购买行为。从消费者价值观视角，构建消费者价值观和有机食品购买意愿的关系模型；从有机食品属性的视角，构建有机食品属性对顾客融入的关系模型，以及有机食品信任属性和溢价支付意愿的关系模型。具体思路如图 1-1 所示。

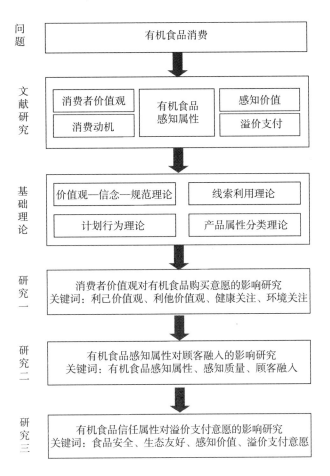

图 1-1　本书总体研究思路

第二章 文献回顾

第一节 食品与有机食品

一、食品等级概述

我国农产品等级分为三类，从低到高依次是无公害食品、绿色食品和有机食品，健康等级从高到低依次是有机食品、绿色食品和无公害食品，三类食品的认证标识如图2-1所示。

有机食品　　绿色食品　无公害食品

图2-1　各类食品的认证标识

20世纪80年代，我国开始推广无公害食品，但这项工作于2001年才正式启动，2001年4月，农业部正式提出将无公害食品的推广作为主要工作之一。无公害农产品是指产地环境符合无公害农产品的生态环境质量，生产过程必须符合规定的农产品质量标准和规范，有毒有害物质残留量控制在安全质量允许范围内，安全质量指标符合《无公害农产品（食品）标准》的农、牧、渔产品（食用类，不包括深加工的食品）并且经专门机构认定，许可使用无公害农产品标识的产品。广义的无公害农产品包括有机农产品、自然食品、生态食品、绿色食品、无污染食品等。无公害农产品生产过程中允许限量、限品种、限时间地使用人工合成的、安全的化学农药、兽药、肥料、饲料添加剂等。无公害农产品符合国家食品卫生标准，但比绿色食品和有机食品的标准要宽泛很多。无公害农产品是保证人们对食品质量安全最基本的需要，是最基本的市场准入条件，普通食品都应达到这一要求。

绿色食品起源于中国，第八个五年计划中，对环境保护和生产质量的关注引发了开发"无污染产品"的想法，这种产品后来被命名为"绿色食品"。1992年，中国绿色食品发展中心（China Green Food Development Centre，CGFDC）在农业部的支持下成立，是负责绿色食品标志许可、有机农产品认证、农产品地理标志登记保护、协调指导地方无公害农产品认证工作的"三品一标"专门机构，同时负责农产品品质规格、营养功能评价鉴定，协调指导名优农产品品牌培育、认定和推广等工作。中心为隶属于农业农村部的正局级事业单位，与农业农村部绿色食品管理办公室合署办公。绿色食品并非指绿颜色的食品，而是安全无污染的食品。它是按照可持续发展的原则，遵循特定的生产方式，执行严格的生产、加工、包装与运输标准，经专门机构认证的一类安全无污染食品。中国绿色食品发展中心于1995年制订了两个"绿色食品"标准："A"级和"AA"级。"A"级代表了传统食品和有机食品之间的过渡水平，极大地限制了农药、化肥和其他农用化学品的使用。"AA"级的绿色食品，禁止在生产过程中使用所有合成杀虫剂和化学品，基本等同于有机食品的标准。"AA"级标准为与有机食品标准衔接奠定了基础。2002年，CGFDC获得IFOAM认证，赋予其认证有机产品的权利，2005年中国推出了中国有机产品标准，逐步取消了"AA"级（Sanders，2006）。自1990年第一个有机茶获得认证以来，中国的有机农业在耕地、出口价值和国内市场扩张等方面发展迅速（Sirieix et al.，2011）。

有机食品是根据国际有机农业运动联合会有机农业种植生产技术规范、有机食品加工技术规范标准生产和加工出来的，经过有机食品验证组织确定的一切食品。有机食品生产是指在作物生产、包装、销售的整个过程中，禁止使用化学合成氮肥、其他易水溶的肥料、人工合成的化学植保药剂和化学储藏保护剂；在畜禽产品生产中，禁止使用人工激素、开胃药、防腐剂等；从非有机农业企业购入的饲料不得超过10%~20%，不得采取虐待牲畜的饲养方式。

有机食品包括天然食品，它们是没有使用化肥、除草剂、杀虫剂、抗生素等人工化学品和转基因生物制剂的食品，有机食品也是不受到辐射的产品。根据有机工业标准和认证委员会（2015）以及美国农业部（2016）的标准，"有机食品"一词是指通过批准的方法生产的食品，这些方法可保护自然资源，保护生物多样性，并仅使用经批准的物质。这使得有机食品被认为是健康的，是有利于环境的，因为在生产中没有使用合成的化学物质。有许多术语用来描述有机食品，如"天然""本地""新鲜"和"纯粹"。有机食品包括天然食品，天然食品是没有化肥、除草剂、杀虫剂、抗生素等人工化学品和转基因生物的食品，有机食品还包括不受辐射的产品。

虽然消费者需求增长，但由于政策制定者、生产者和零售商忽视了有机食品的构成和区别，有机食品的广泛消费在一定程度上受到了限制（Teng and Lu, 2016；Yin et al., 2010；Zanoli and Naspetti, 2002）。虽然"有机"这个词唤起了产品对健康和环境的益处的积极内涵（Vega-Zamora et al., 2013），但一些消费者缺乏有机产品的知识（Bezawada and Pauwels, 2013；Krystallis et al., 2006）以及识别它的能力（Lockie et al., 2004）。一般而言，消费者通过有机食品标签和有机食品认证来鉴别有机食品（Lee and Hwang, 2016；Prada et al., 2017；Prentice et al., 2019；Yiridoe et al., 2005）。这表明有机食品是一种信用品，其从供应商到消费者这一过程中存在着信息不对称（Giannakas, 2002）。有机食品的可信性意味着消费者正在根据不对称信息做出购买决定。不对称的信息使得市场参与者对"有机"一词存在误用和误解。"有机"一词通常与诸如"绿色""生态""环境""自然"和"可持续"，"公平贸易"或"自由范围"等术语相混淆（Aarset et al., 2004；Harper and Makatouni, 2002；Rousseau, 2015）。对文献的分析表明，对这一术语的误解不仅发生在消费者之间，也发生在生产者和销售者之间。

二、有机产品的特征和价值

现有文献将产品定义为任何一种能被提供来满足市场欲望或需要的东西。为了涵盖产品作为一个整体概念所提供的复杂特征，可以将其细分为三个不同的层面，即核心产品、实际产品和延伸产品。核心价值指最基本的产品价值，代表产品的主要特征。产品特征会远远超出其基本价值，一个产品的核心价值需要转化为实际的产品。产品质量、包装、设计款式、品牌标识都属于实际产品。延伸产品是围绕实际产品价值构建的。

根据 Beck 等（2012）的研究，有机食品的产品质量可细分为营养特征、健康特征、感官特征和有机特征。有机特征也被称为"伦理特征"，包括生态关注或动物福利等。产品质量的基本价值包括营养属性和健康属性。感官特征和伦理特征可称为附加价值（Beck et al., 2012）。具体如图 2-2 所示。

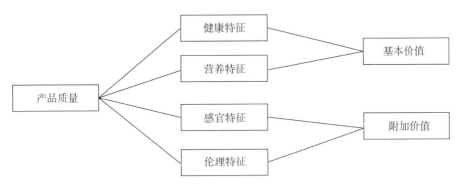

图 2-2 产品设计和价值

资料来源：Schleenbecker R., Hamm U. Consumers' perception of organic product characteristics. A review [J]. Appetite, 2013, 71: 420-429.

感官特征描述了有机食品的重要质量标准（Beck et al., 2012），包括形状、颜色、味道、气味和质地等。伦理属性也被称为有机产品的无形价值，可以理解为产品对消费者的"印象影响"。产品质量的属性可以分配给产品的基本价值和附加价值。

表 2-1 提供产品质量特征的研究汇总。感官特性、健康特性和伦理特性被视为最重要的质量特性，几乎没有提到营养价值。在伦理属性中，环境问题和动物福利最为突出。

表 2-1 产品质量特征汇总

作者（年份）	消费者类型	营养	健康	感官特征	伦理特征	有机质量规格	其他	被试数
Aarset et al.（2004）	一般				+	天然、动物福利、环境、无残留		196
Chang and Zepeda（2005）	有机		+	++	+	环境、动物福利、小农场和农村社区的保护		36

续表

作者（年份）	消费者 类型	营养	健康	感官 特征	伦理 特征	有机质量规格	其他	被试数
Hjelmar （2011）	一般		++	++	++	动物福利		16
McEachern and Schröder（2001）	一般			++	+	动物福利	来源	30
Sirieix et al. （2011）	有机		++		+	环境		23
Zanoli and Naspetti （2002）		+	++	++	+	有机食品是"好的"		60
Cranfield et al. （2009）	一般				++	无残留	产品来源	137
Hoefkens et al. （2009）	一般	++	++				残留少	529
Howard and Allen （2006）	有机	O	O	O		动物福利、本地来源、 农民奖励		475
Magnusson et al. （2001）	一般		++	++			保质期、 质量	1154
Sangkumchaliang and Huang（2012）	一般		++		++	环境		390
Stobbelaar et al. （2007）	一般		+	+	+	动物福利、环境		682
Tsakiridou et al. （2008）	一般		++		++	环境、无残留		660
Wier et al. （2005）	一般		++	++	*			1609
Zagata （2012）	有机	+	++					1054
Zander and Hamm （2010）	有机	O	O	O		动物福利、本地来源、 农民奖励		1192

注："*"代表"提及但不决定购买"；"O"代表没有检验；"+"代表"重要"；"++"代表非常重要。

资料来源：Schleenbecker R., Hamm U. Consumers' perception of organic product characteristics. A review [J]. Appetite, 2013, 71: 420-429.

现有很多研究将有机食品的特征进行整合，提炼出有机食品的感知属性，探索这些属性对有机食品消费行为的影响作用（Lee and Yun，2015）。本书将对有机食品感知属性的相关文献进行整合。

第二节 有机食品感知属性

有机食品属性是指有机食品本身反映出的感官或非感官特征。消费者认为，食物的感知特征是他们选择食物的最重要因素（Magnusson et al.，2001；Torjusen et al.，2001；Wandel and Bugge，1997）。食物的非感官属性也变得越来越重要（Torjusen et al.，2001；Wandel，1994）。值得注意的非感官属性有：①不含或含有较少的食品添加剂、防腐剂和残留物（Wandel，1994；Wilkins and Hillers，1994）；②营养价值（Jolly，1991；Torjusen et al.，2001；Wandel，1994；Wandel and Bugge，1997）；③食物的生产方式（Torjusen et al.，2001）。消费者会考虑食品生产过程中是否关注了动物的福利。61%的挪威人认为，食品生产中对动物福利的考虑是食品质量的一个重要方面（Torjusen et al.，2001）。超过30%的受访者表示，他们愿意为有道德地护理的动物的肉类多付10%（Wandel and Bugge，1997）。

对产品属性的分类有多种方式。根据消费者在购买前、购买后，或者完全不购买的情况下，是否能准确地评估产品的性能，可以将产品属性分为搜索属性（search attributes）、体验属性（experience attributes）和信任属性（credence attributes）（Darby and Karni，1973；Nelson，1970）。搜索属性是那些可以通过物理检查产品后毫不费力就能判断出来的属性。体验属性不能立即被识别，可以在购买和消费后进行评估。信任属性是那些即使购买和消费也无法确定的属性（Ford et al.，1988）。生产方法的伦理特征即是信任特征，即最终消费者无法验证产品是否是以有机的方式生产的。健康特征也具有信任属性的特点。有机食品的搜索属性包括颜色、大小和价格等，体验属性包括味道和质地等，信任属性包括环境友好、动物福利和产地属性等（Girard and Dion，2010；Wirth et al.，2012）。信任属性在预测消费者的态度和购买意愿过程中所具有的重要性在多项研究中被提及（Wirth et al.，2012）。

现有研究确定了一系列的产品属性来判别有机食品。Torjusen 等（2001）发现了两种类型的有机食品质量属性：观察属性和反映属性。观察特性与传统质量方面（例如，外观和新鲜度）相一致，是可以直接观察到的产品特征。反映属性取决于直接体验，因为这些特征不容易被察觉。反映属性包括与健康、营养质量、环境友好、动物福利有关的食品质量属性。Torjusen 等（2001）提到，反映属性是一个比信任属性更宽泛的概念。但实质上这两个概念的内涵是相似的。Hughner 等（2007）整合了 1985～2005 年之间发表的关于有机食品的实证研究文献。他们确定了推动有机食品购买的九个因素：健康和营养的关注、口味、环境关注、传统食品行业的食品安全/缺乏信心、动物福利、支持当地经济、卫生、怀旧、时尚/好奇心。

Lee 和 Yun（2015）将有机食品感知属性归为营养成分、自然成分、生态关注、感官吸引力、感知价格。本书依据这个分类方式，将在第五章探索有机食品感知属性对顾客融入的影响。

一、营养成分

人们普遍认为，购买有机食品的主要动机是对健康的关注。现有研究中，关于消费者购买有机食品的原因，被提到的频率最高的因素就是健康（Padel and Foster, 2005; Teng and Lu, 2016）。有机食品是否比传统食品更有营养还存在争议，但一些研究指出，消费者就是相信有机食品更有营养（Lea and Worsley, 2005）。

就个体而言，健康因素包含慢性疾病的预防和一般的营养与健康。早期的研究表明，健康不仅包括与营养和健康相关的题项（例如，"易消化""平衡饮食的一部分"等），还包括"对皮肤、牙齿、头发、指甲等有好处"等题项。有趣的是，"低脂肪"没有被归到健康因子里，膳食脂肪与体重相关可能因为样本中含有高比例的年轻人，而在中年组中，对心血管疾病防控的意识更高，脂肪限制将与健康和慢性病预防有关（Steptoe et al., 1995）。较男性而言，女性将健康作为食物选择动机的重要性随着年龄的增加而增加（Steptoe et al., 1995）。

相信有机食品更具营养，进而做出有机食品质量高的推断，使消费者购买意愿得到提升，这一逻辑虽未得到验证，但是看上去是合理的。关于有机食品购买行为的消费者价值观和动机的一些研究指出，健康和安全相关的属性（如更少的添加剂、化学品、杀虫剂，自然生产的）与功能性的后果有关（Fotopoulos et al.，2003），但这样的属性也能为消费者带来愉悦的体验（Padel and Foster，2005）。因此，假设营养成分和质量感知存在正相关关系是合理的。

二、自然成分

人们认为有机食品是自然生产的，这使得消费者相信有机食品比传统食品更安全、更健康（Davies et al.，1995）。这种信念与消费者对有机食品的安全感有关。现有研究中，对自然成分的测量题项反映了对添加剂的使用和天然成分的选择（Steptoe et al.，1995）。自然成分和健康之间有很强的相关性，大多数人认为自然的就是健康的。随着食品工业的发展，越来越多的非自然成分添加到食品中来，例如，色素、防腐剂等，即使食品添加剂对人类的健康不会造成影响，人们也会认为它们是有害的，因为它们不是自然成分。

三、生态关注

与生态关注相关的产品属性（例如，环境保护和动物福利）也会促进消费者选择有机食品（Padel and Foster，2005）。消费者认为，有机食品比常规食品更环保（Lea and Worsley，2005）。有机食品被认为能够为动物带来福利，因为有机食品的种植和生产不喷洒激素、抗生素和杀虫剂等（Makatouni，2002）。对环境关注将导致良好的消费观念（Magnusson et al.，2003）。然而，动物福利对有机食品购买的影响要比健康和环境关注对有机食品购买的影响小（Aarset et al.，2004）。

有机食品的生态关注属性可能与质量感知有关。环境保护和动物福利的属性似乎是产品质量和食品安全的一个线索，消费者认为，有机食品种植过程无农药、生长激素和抗生素（Harper and Makatouni，2002）。消费者的评价可以通过功能价值驱动（Fotopoulos et al.，2003）。然而，生态关注不能为产品的功能属性增值。生态关注属性更多的是提供情感满足。一些研究认为，普遍的价值观、友善和利他主义（关注他人的福利）影响有机消费者的选择（Lea and Worsley，2005；Makatouni，2002）。在这方面，消费者可能会感到快乐或满足，他们相信有机食品购买有利于环境保护和动物福利（Padel and Foster, 2005; Zanoli and Naspetti, 2002）。

四、感官吸引力

感官属性与食物的外观、气味和味道有关。长期以来，人们一直认为感官属性是消费者选择食物的重要影响因素（Steptoe et al., 1995）。味觉和感官特征是购买有机食品的一个重要动机（Magnusson et al., 2001）。食品的感官特征能够刺激到消费者的情感，进而影响其消费行为。有机食品的感官属性，如味道、颜色和质地与愉悦、享乐主义、愉快感和幸福感相关（Fotopoulos et al., 2003; Padel and Foster, 2005; Zanoli and Naspetti, 2002）。

人类食物的选择和消费偏好由一系列复杂多样的因素所决定，负面感官吸引力（例如，恶心）也会随食物消费的情境而发生变化（Lee and Yun, 2015; Steptoe et al., 1995）。感官特征（如味道、气味等）可以归为前文所提到的体验属性，通过产品的体验能够确定产品体验特征的优劣。在 Furst 等（1996）和 Steenkamp（1990）提出的食品选择过程模型中，感官吸引力作为产品质量的构成要素之一，是产品提供的功能利益和心理利益的结果，通过消费者价值观的协调发挥其对食品选择的影响。感官特性是与外观、气味和口味相关的产品质量的内部线索（Steptoe et al., 1995）。消费者非常重视享乐主义食物的好处（如感官特征），并且正在寻找涉及所有感官的某些特征，并激发与产品的更深层次联系。Steptoe 等（1995）确定了感官特征是消费者选择食物时最重要的考虑因素。然而，有机食品和非有机食品的满意度水平并不一样（Paul and Rana, 2012）。Mueller 和 Szolnoki（2010）建议研究者和生产者了解感官属性的相互作用，为了使一个产品能够在市场上获得成功，感官属性必须被优化。必须认识到有机食品和非有机食品是不同的，后者是传统生产的，它有自己的感官特征，而不是假定这两种食品在被人们选择时具有同等的优先权和同样的影响。

五、感知价格

根据传统经济学理论，价格被视为购买所需的货币牺牲。较高的价格会增加对经济成本的认识，从而对产品评价和购买意愿产生负面影响（Rao and Monroe,

1988）。有机食品的价格普遍高于传统食品的价格，价格作为牺牲的衡量似乎在购买有机食品中是非常普遍的观点（Padel and Foster，2005）。高价是购买有机食品的主要障碍（Magnusson et al.，2001）。消费者感知到的有机食品的价格越高，对有机食品购买的意愿就会越低。价格意识与支付意愿具有显著的负相关关系（Campbell et al.，2014）。

感知价格对食物的选择有明显的影响作用。特别是低收入的消费者，价格更是影响他们食品选择的重要因素。食品消费一般是家庭消费，家庭中的女性承担了购买者的角色，女性对家庭中的预算限制更了解，因此，女性的价格意识也更强。现有研究中还有一个有趣的观察，即饮食节制的女性受到的影响比饮食不节制的女性小，对饮食节制的女性而言，也许吃低热量食物的欲望比限制花销更重要。

价格竞争在杂货零售市场上表现得更为突出。实证研究表明，价格是选择零售食品店的重要因素。价格认知是店铺印象的一个组成部分（Lindquist，1974；Zimmer and Golden，1988），直接影响到消费者对零售店铺的惠顾。食品零售业目前的发展也强调了价格的重要性。特别是在欧洲，传统的零售商面临着整个非洲大陆折扣店的迅速扩张（Colla，2003）。客户似乎发现折扣店比传统零售商便宜（Morschett et al.，2006）。在这些市场中，零售商衡量与竞争对手相关的价格定位极为重要。

价格与消费者的支付能力相关，已经有很多研究检验了感知价格对有机食品购买意愿的影响作用（Lee and Yun，2015；Padel and Foster，2005；Tarkiainen and Sundqvist，2005）。中国的消费者喜欢昂贵的进口有机食品，研究表明，尽管价格较高，但中国人认为进口产品质量更好，更值得信赖，会选择将其作为首选产品（Lobo and Chen，2012）。Lobo 和 Chen（2012）的研究结论与大多数发达国家进行的其他研究形成对比（Moore，2006；Siamagka and Balabanis，2015）。其他国家的消费者更愿意购买本地食品。例如，挪威消费者认为，本地生产的有机食品比进口产品更安全，质量更好（Torjusen et al.，2001）。美国的研究表明，当地种植的产品是影响有机食品消费者购买决策的重要因素（Howard and Allen，2006）。欧洲的消费者宁愿购买国产常规食品而非国外生产的有机食品（Moore，2006）。英国消费者并不热衷于从其他国家购买有机肉类（McEachern and Willock，2004）。这些研究表明，价格是有机食品购买和消费的一个不太重要的影响因素。

在当前食品安全事件频发的背景下，反映消费者对食品质量的信任的属性就尤其重要，这些属性深深地影响着消费者购买价格昂贵的有机食品。

营养成分、自然成分、生态关注、感官吸引力和感知价值这五个有机食品感知属性对有机食品消费的一些变量的影响作用已经得到了检验，例如，享乐态度和功利态度。但这些属性对感知质量以及顾客融入的影响作用，现有文献中还鲜有提及，本书第五章将探索这五个有机食品感知属性对有机食品感知质量和顾客融入的影响作用。

第三节　消费者价值观

在绿色消费、可持续消费、亲环境行为等研究领域中，一个非常关键的研究问题就是个人价值观在亲环境行为中所起的作用（Nguyen et al., 2016）。这种联系基于传统观念，即价值观是信仰，可以作为评估行动、人和事件的准则或标准（Schwartz and Bilsky, 1987）。鉴于亲环境购买行为通常涉及个人—集体收益与短期—长期关注之间的冲突，消费者通常会根据他们个人认可的价值观做出决策（Steg et al., 2014）。这些价值观表达了指导消费者行为模式的动机和规范性质。尽管一些研究已经确定了个人价值观与购买环境友好产品（包括有机食品）之间的直接关系，但大多数研究人员认为这些价值观通常是间接地影响绿色消费行为。

一般而言，价值观被定义为具有动机或目标导向影响的最抽象和最稳定的结构（Homer and Kahle, 1988）。许多研究已经证明了价值观在态度上的等级优先级，价值观代表了选择具有特定属性产品的动机，进而影响了购买和消费行为的方向和强度（Homer and Kahle, 1988）。消费产品最终是实现以目标为导向的消费者行为的基本价值手段。

Schwartz（1992, 1994）基于理论推理和调查研究，涵盖了地球上有人居住的大陆上的许多国家，并使用了几种不同的测量工具，提出了一个由十种基本价值类型组成的价值体系，如图 2-3 所示。

Schwartz 认为，人类价值观是对所有个人和社会必须应对的三个普遍要求的回应：①个人作为生物有机体的需要；②协调社会互动的必要条件；③对顺利运

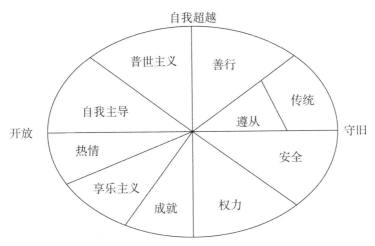

图 2-3 Schwartz 的价值观理论

作和群体生存的需求。Schwartz（1994）将人类价值观定义为"作为个人或其他社会实体的生活中的指导原则，具有不同重要性的，是值得拥有的跨情境目标"。价值观激励行动，赋予其方向和情感强度，价值观通过超越特定的行为和情境而与态度和其他相关的心理构念不同，它们是抽象的标准或目标。价值观也可作为判断和证明行动的标准。人们依据重要性将价值观作为生活中的指导原则。他们通过童年社会化到文化、其他主导群体价值观以及他们自己独特的学习经历来获得他们的价值观（Grønhøj and Thøgersen, 2009）。后者说明了为什么个人在文化中的价值优先权是不同的。例如，已发现价值优先权取决于性别（Schwartz and Rubel-Lifschitz, 2009）和教育（Steinmetz et al., 2009）。不同的价值观在不同的情况和不同的行为中是相关的（Bardi and Schwartz, 2003）。

有充分证据表明，价值观对于理解（De Barcellos et al., 2014；De Groot and Steg, 2009；Schultz et al., 2005），甚至解释亲环境行为是有用的（Thøgersen and Ölander, 2002）。然而，由于价值观的抽象性，如果不考虑中介变量，则低估了价值观的重要性（Bamberg, 2003；Stern et al., 1999；Thøgersen and Ölander, 2006）。一个人的价值观影响更接近行为前因，如态度价值观影响大多进而对行为产生影响，因为它们影响他或她对行为可能结果的期望（Lea and Worsley, 2005；Thøgersen et al., 2015）。

以往的研究已经产生了许多个人价值观的类型，包括人类价值理论（Schwartz，1992，1994），利己主义、利他主义和利生态圈的环境价值取向（Stern et al.，1993），以生态为中心、以人为中心的方法（Thompson and Barton，1994）。然而，关于这些个人价值观如何影响不同类型的亲环境行为尚未达成明确的共识（Nguyen et al.，2016）。利己价值观、利他价值观和利生态圈价值观是亲环境行为中比较常用的分类方式，也有研究检验了利己价值观和利他价值观对有机食品态度、购买意愿或行为的影响作用。接下来将逐一介绍利己价值观和利他价值观。

一、利己价值观

有机食品的生产不仅考虑了对个人利益关注（例如，健康和口味等），还考虑了环境问题（相比于传统食品，有机食品被认为对环境的不利影响更小），使得有机食品的生产和消费问题可以被归入伦理消费范围之内。在测量亲环境/伦理行为时，许多研究者都强调了人的价值观的意义（De Groot and Steg，2009；Fransson and Gärling，1999）。价值观被定义为"作为个人或其他社会实体的生活中的指导原则，具有不同重要性的，是值得拥有的跨情境目标"（Schwartz，1992）。利己价值观（关注自己）和利他价值观（关心他人）是两个重要的道德行为决策的驱动因素。利他价值观和利己价值观呈负相关（Schwartz，1992）。利己价值观和利他价值观的观点在概念上是不同的和不兼容的（Kareklas et al.，2014；Suitner and Maass，2008）。但是，一个人身上可能同时表现出利己和利他的价值表现。即利己价值观和利他价值观可能存在于一个人身上，并且可能影响他的态度（Kareklas et al.，2014）。本书将利己价值观和利他价值观结合起来进行研究。

有机食品消费的现象正在发展中国家普及，例如，中国和印度。印度情境下已经开展了一些有机食品消费的研究（Paul and Rana，2012；Yadav and Pathak，2016）。Yadav（2016）试图在印度情境下了解利己价值观和利他价值观在年轻消费者购买有机食品中的重要作用。这项研究只关注年轻消费者，因为和他们的上一代相比，他们的态度不同。青年不仅关心他们目前的行动过程，而且考虑这些行动对未来的影响，导致他们选择环保产品（Kanchanapibul et al.，2014），并关注环境。青年一代有更多的可支配收入，很容易接受创新的想法，他们可能会选择较为昂贵的有机食品。

二、利他价值观

利他主义指个人代表他人而不期待任何个人利益的情况。利他主义与利己主义相反，利己意味着代表自己行事或消除自身的痛苦和伤害（Kollmuss and Agyeman，2002）。有机食品消费价值观表明，人们既会产生对自己的关注，也会产生对环境的关注。在购买有机食品时，个人的利他主义和利己主义动机之间可能会产生冲突（Yadav and Pathak，2016）。Sirieix 等（2011）强调了消费者在不同个人利益之间的权衡，健康与经济效益，利他主义（环境问题）和个人（经济）利益之间的一些权衡是明显的，这证实了有机食品消费背后出现的利他主义行为。

大量研究表明，环境问题影响消费者对有机食品的态度（Ahmad et al.，2010；Honkanen et al.，2006；Michaelidou and Hassan，2008；Squires et al.，2001；Wandel and Bugge，1997）和购买意愿（Ahmad and Juhdi，2010；Lee and Yun，2015）。环境问题与利他购买因素直接相关，消费者经常选择有机食品，主要是因为它是一种亲社会和亲环境保护行为，通过选择有机食品，消费者表达了他们对共同利益的关注（Thøgersen，2011）。有机食品生产被认为是环保的（Wilkins and Hillers，1994），因为它不涉及使用对环境有害的农药（Hughner et al.，2007）。相信有机农业更环保的消费者往往更有可能购买有机产品（Ahmad and Juhdi，2010）。关注环境和生态问题的消费者对绿色广告的反应表现出更积极的态度（Haytko and Matulich，2008）。消费者认为有机农业对环境的危害较小，这将对他们与食品相关的有机态度和购买意愿产生积极影响（Kareklas et al.，2014）。

自我建构领域的研究已经考虑了将自我视为对比，以及由此带来的不相容的独立和相互依赖的方式（Aaker and Lee，2001；Hamilton and Biehal，2005）。独立和相互依赖的自我观点也被称为"不同的结构"，这些结构影响甚至可能决定个体对各种行为的认知、情感和动机（Markus and Kitayama，1991）。在是否购买有机食品的问题上，与自我购买考虑相关的目标可能不会与利他因素产生冲突，而是与利他因素相容。具体而言，如果消费者认为，与传统食品相比，有机食品更健康，并以环保方式生产，那么购买有机食品可能既满足自我主义目标（即希望更健康）又满足利他目标（即改善环境的愿望）（Kareklas et al.，2014）。

大多数研究都关注购买有机产品的消费者的动机以及这些动机中所包含的价值观，并揭示出与有机产品相关的价值观是异质的。一些研究表明，有机食品消费者具有环保意识（Storstad and Bjorkhaug，2003），但许多研究证实，有机食品消费者也可能因自我价值观而购买，如健康或快乐（Zanoli and Naspetti，2001）。Sirieix 等（2006）展示了自我导向和其他导向动机之间的动态关系。个体消费者动机之间的差异并不仅仅依赖于自我中心和普遍价值观的对立，其范围也会受到其他人的辐射（Didier and Lucie，2008）。

除利己价值观与利他价值观外，还有一些价值观（例如，平等、仁慈等）也可以用来预测有机食品消费（Aertsens et al.，2009；Hughner et al.，2007）。Krystallis 等（2008）发现，仁慈和普世主义可以用来预测有机食品的定期消费。Zanoli 和 Naspetti（2002）发现，重视生态的消费者倾向于定期消费有机食品。根据 Schifferstein 和 Ophuis（1998）的研究，"有机食品消费是生活方式的一部分，它源于与特定价值体系相关的意识形态、影响态度和消费行为"。

第四节 有机食品消费动机

以往的研究已经广泛讨论了有机食品消费动机的主题。健康、食品安全、口味、环境保护、动物福利和对当地经济支持的关注已被确定为有机食品选择的驱动力（Schleenbecker and Hamm，2013；Yiridoe et al.，2005）。Hemmerling 等（2015）对有机食品消费的文献进行了综述，得出健康、味道、安全和环保是有机食品的主要购买动机。在 Yiridoe 等（2005）对消费者对有机食品偏好的评论中，对人类健康和安全的关注也被认为是激励消费者购买有机食品的关键因素。有机食品消费动机对有机食品的态度产生积极影响，从而对购买意愿产生积极影响（Michaelidou and Hassan，2008；Pino et al.，2012）。将这些有机食品消费动机进行整合，可以发现，健康关注和与环境关注相关的动机（例如，动物福利和生态关注）是驱动有机食品购买的关键动机。

一、健康关注

健康正在成为越来越重要的个人价值和社会价值。由于与治疗药物相关的成本非常高，所以保持健康是非常重要的。很大一部分与健康相关的问题，可以通过更健康的生活方式加以预防。除了身体活动，充足的营养是影响一个人健康状况的重要方面。消费者已经开始明白，他们的食物选择可能会对他们的健康产生影响，这使其更加关注食品的健康益处，以维持健康的生活方式。

有机食品行业的销售量持续增长，促使研究人员不断关注消费者对有机食品偏好的原因（Hasselbach and Roosen，2015；Hemmerling et al.，2015）。消费者对健康的日益关注正在促使人们对有机产品的兴趣日益增加（Nie and Zepeda，2011）。越来越多的文献表明，个人健康问题可能影响消费者对有机食品的态度（Botonaki et al.，2006；Chryssohoidis and Krystallis，2005；Harper and Makatouni，2002；Magnusson et al.，2003；Makatouni，2002；Padel and Foster，2005）和有机食品购买意愿（Schifferstein and Ophuis，1998；Soler et al.，2002）。一些消费者对有机食品持有积极的态度，认为有机食品比传统食品更健康，对环境的危害更小，具有更好的感官质量（Aschemann－Witzel and Grunert，2015；Hjelmar，2011；Kriwy and Mecking，2012；Magnusson et al.，2003；Mostafa，2007）。可以看出，积极的态度往往源于有机食品更能为消费者带来健康的看法。与传统食品相比，有机食品被认为具有更高的营养价值，并且以不使用有害化学肥料的自然方式生产（Pino et al.，2012；Squires et al.，2001；Wandel and Bugge，1997；Wilkins and Hillers，1994）。积极的态度往往源于有机农业更安全的观念（Kouba，2003；Sangkumchaliang and Huang，2012）。个人健康问题也增加了购买有机食品的可能性（Schifferstein and Ophuis，1998；Soler et al.，2002）。例如，Ahmad 和 Juhdi（2010）表明，当消费者认为有机食品比传统食品更安全和更健康时，购买意愿就会增加（Kareklas et al.，2014）。

有机产业的增长也可以通过基于无形特征的产品差异来解释（Pearson et al.，2011）。虽然研究表明，消费者在健康、营养和口味方面持有积极的有机食品观点，但医学和营养研究并不支持健康和营养价值的观点（Barański et al.，2014；Dangour et al.，2010；Magkos et al.，2006；Smith－Spangler et al.，2012）。盲从的口味感觉不能为所要求的有机食品的感官品质提供支持（Bourn and Prescott，2002；Ellison et al.，2016；Fillion and Arazi，2002）。尽管很少有证据支持有机食品的许多说法（例如，更具营养、更健康等），但许多消费者仍然相信有机食品的这些好处（Massey et al.，2018）。在消费者看来，有机食品更健康、更美味，农药含量更低（Yazdanpanah et al.，2015；Yin et al.，2010），且质量优于传统食品（Lockie et al.，2002；Loebnitz and Aschemann-Witzel，2016）。

健康意识需要好的营养食品纳入消费者的饮食，它与购买有机食品有关（Paul and Rana，2012）。根据 Hill 和 Lynchehaun（2002）的研究，有健康意识的消费者认为，有机食品可以改善他们的健康，他们倾向于认为有机食品比传统食品更有营养价值。可以推测，个人与有机食品消费的健康利益相关的动机会促使他们积极地关注有机食品的信息，并参与到有机食品购买决策中，因为有机食品的健康形象与其强烈的健康意识密切相关。

二、环境关注

对有机食品的需求日益增长的另一个原因是环境意识的增强。环保意识正在成为主流，推动消费者根据环境和动物友好转换产品和品牌（Mostafa，2007）。有机食品被认为是环境友好型产品。美国农业部（USDA）描述的有机食品是通过"农民更关注可再生资源的利用和水土保护以提高后代的环境质量的方式生产的"。有机肉类、家禽、蛋类和乳制品不含抗生素或生长激素。有机食品的种植或加工不会受常规的杀虫剂、合成肥料、生物工程或电离辐射的干预。

消费者对有机食品的需求增加也可能归因于道德消费主义。据 Simmons 市场调查局进行的一项全国消费者调查显示，超过三分之一的消费者表示，相比于传统产品，他们愿意购买更多的环境安全的或伦理的产品。消费者的态度主要来自对环境的道德关注（McEachern and McClean，2002）。众所周知，环境问题和社会规范有助于塑造和预测个人行为（Laroche et al.，2001；Paul et al.，2016）。Schwartz（1973，1977）发现，社会规范和环境问题已经形成了一种道德义务感，并在消费者中形成了一种积极的环境态度。道德消费主义属于消费者行为主义的范畴，其中，包括购买低廉的社会成本和环境成本的道德产品，或者对不道德的产品进行道德抵制（Giesler and Veresiu，2014）。麦肯锡（2007）进行的一项调查发现，消费者担心农场使用杀虫剂和化学品带来有害影响。

环境问题表明，"人们意识到环境问题的程度，并支持解决问题的努力或表明愿意为他们的解决方案做出个人贡献"（Dunlap and Jones，2002）。Smith 和 Paladino（2010）指出，对环境的关注在影响有机食品消费意愿方面起着非常关键的作用，因为购买有机食品被认为是有利于环境的行为。Smith 和 Paladino（2010）报告了环境问题对消费者购买态度的影响，并进一步影响了他们的购买意愿。环境问题增加了消费者购买有机食品的可能性（Loureiro et al.，2001）。社会环境问题的增加是导致有机食品消费增加的关键诱因。愿意参与环保活动的个人更有可能在不久的将来购买有机食品（Tregear et al.，1994），这表明环境问题是消费者在决定选择有机食品时的重要动机之一。

近年来，媒体上出现的食品丑闻引发了许多消费者日益增长的个人健康和食品安全担忧（Michaelidou and Hassan，2008；Rana and Paul，2017；Yiridoe，Bonti-Ankomah and Martin，2005）。禽流感和大肠杆菌流行病等食品危机影响了消费者对食品风险和食品选择的看法（Tiozzo et al.，2017）。例如，在中国，食品危机和丑闻是有机食品市场增长的主要驱动因素。表2-2总结了以往关于食品安全和生态友好属性在有机食品消费中的重要作用及主要研究结果。

表 2-2　有机食品消费动机的研究汇总

作者（年份）	国家	研究方法	主要发现	
			健康和食品安全	生态友好
Becker et al.（2015）	以色列	调查：250名受访者	无	环保意识与有机食品消费密切相关，由于土壤是公共物品，人们愿意花更多的钱来减少与传统农业相关的化学污染，对他们来说，这个因素比健康或口味属性更重要

续表

作者（年份）	国家	研究方法	主要发现	
			健康和食品安全	生态友好
Cerjak et al. (2010)	克罗地亚、波斯尼亚、斯洛文尼亚	调查：600 名受访者（每个首都 200 人）	许多受访者表示，他们购买有机食品是为了健康和安全，具体来说，这些受访者包括克罗地亚受过教育的人，斯洛文尼亚的妇女以及波斯尼亚的妇女和老年人	三个国家的所有受访者都有意购买有机食品，克罗地亚人受到动物福利的激励，受过教育的克罗地亚人受到回归大自然的想法的激励，受过教育的波斯尼亚人受到环境保护和动物福利的激励
Fotopoulos et al. (2003)	希腊	现场调查：49 名受访者	受访者评估 50 个属性，这些属性被分为 16 个组，在有机食品购买者中，100% 的人认为健康是主要原因之一，96% 的人认为质量上乘是主要原因之一	受访者评估分为 16 个组的 50 个属性，96% 的有机食品购买者认为环境友好是购买的主要原因之一
Hughner et al. (2007)	美国、爱尔兰	文献综述	许多研究发现，有机食品被认为是更有营养的，健康表明食品质量，并且健康是购买有机食品的主要原因，人们购买有机食品是因为他们想避免与未知健康风险相关的农药	消费者的态度而不是购买行为受到环境问题的影响，有机食品被认为是环保的，传统农业中的化学品被认为对环境有害，在较小程度上，动物福利也会影响消费者的态度，动物福利与食品质量、食品安全以及更好地对待牲畜有关
Lea and Worsley (2005)	澳大利亚	邮件调查：223 名受访者	大部分受访者认为有机食品比传统食品更健康，有机食品对健康的好处是低农药残留物、高维生素和矿物质，75% 的受访者认为有机食品由于低农药残留而更健康，而这些信念导致消费者选择有机食品	大多数受访者认为有机食品比传统食品更适合环境，在环境方面，人们对有机食品的认知是积极的，与自然和环境有关的个人价值观对有机食品的信念有影响作用

续表

作者（年份）	国家	研究方法	主要发现	
			健康和食品安全	生态友好
Lee and Yun（2015）	美国	网络调查：725 名受访者	受访者认为有机食品营养丰富，帮助他们保持健康，这导致他们养成功利和享乐态度购买有机食品，然而，受访者似乎没有根据有机食品是否含有安全和天然的成分来发展自己的态度	受访者对购买有机食品有积极的认知和情感判断，因为他们将购买有机食品与环境保护和动物福利联系在一起
Lockie et al.（2004）	澳大利亚	调查：1290 名受访者	一些消费者在他们的食物中寻找"自然"，"自然"被定义为不含杀虫剂、人造成分、化学品、防腐剂、激素和抗生素，这些消费者往往是女性、老年人和负责购物的人，并且这些人准备购买更多的环保产品	关心政治和生态价值的人更多地参与绿色消费，如回收、堆肥、使用环保清洁产品，这些人关心环境和动物权利
Makatouni（2002）	英国	40 次访谈；创建层次价值图	当参与者被询问选择有机食品的原因时，最常提到的是农药和家庭健康状况，这些因素在所有的层次价值图中占主要地位，人们相信购买有机食品可以帮助他们实现关注健康的社会价值	有机食品消费者相信他们通过保护环境来保护自己和家人的福祉。被调查的有机食品消费者提到动物的福利是购买有机食品的原因，因为动物的生活可能对人类健康产生影响
Winter and Davis（2006）	美国	文献综述	没有足够的证据表明有机生产优于传统生产，但有机食品具有低农药残留、低硝酸盐含量、高代谢产物和抗氧化剂水平的潜在健康益处，它们也可能有更少的天然存在的细菌或毒素，消费者购买有机食品的原因是环境和动物福利、工人安全、食品安全和营养	无

续表

作者（年份）	国家	研究方法	主要发现	
			健康和食品安全	生态友好
Yiridoe et al.（2005）	加拿大	文献综述	在分析研究的基础上，作者假设消费者最看重的属性依次是营养价值、经济价值、新鲜度、味道、成熟度和外观，水果和蔬菜是最常购买的有机食品	一些研究将年轻消费者对有机食品的偏好归因于其对环境质量和无化学产品的偏好
Zanoli and Naspetti（2002）	意大利	调查：60 名受访者；手段：终端模型	天然产品和食品安全是可取的，但人们需要更多地了解有机产品与传统产品的不同之处，人们希望以一种健康不牺牲生活乐趣的方式进食	无

资料来源：Lee H. J., Hwang J. The driving role of consumers' perceived credence attributes in organic food purchase decisions: A comparison of two groups of consumers [J]. Food Quality and Preference, 2016, 54: 141-151.

三、生态关注

生态动机是指对环境和动物福利的关注（Honkanen et al., 2006）。Harper 和 Makatoun（2002）表明，有生态动机的消费者不会损害环境，他们倾向于选择对环境友好和尊重动物福利的产品。有道德意识的消费者会强烈遵守社会和环境原则。很多研究表明，动物福利是有机食品消费的重要动机（Davies, Titterington, and Cochrane, 1995; Harper and Makatouni, 2002; Hughner et al., 2007; Lea and Worsley, 2005; Torjusen et al., 2001）。根据 Wilkins 和 Hillers（1994）的观点，有机食品被认为是一种环保的选择，并且重视动物福利。有些消费者甚至认为"有机"等同于"自由放养"的概念，也就是说，让动物远离农场围栏（Harper and Makatouni, 2002），这样的饲养方式能够让动物更自由，动物的心理和情感得到了关怀，动物福利得到了体现。Lockie 等（2002）发现，有机消费者认为环境保护和动物福利比普通消费者认为的更重要。

有机生产通常与更加人道的牲畜处理有关，正如可获得性和消费者对散养蛋的需求的增加所证明的那样（Harper and Makatouni, 2002）。然而，现有的研究表明，与环境问题相比，与有机生产相关的动物福利改善的预期对消费者的购买考虑的影响较小（Hughner et al., 2007）。

通过对消费者价值观和有机食品消费动机的文献进行整理可以发现，价值观和动机同属于驱动消费者行为的关键因素，但是价值观和消费动机不同属于一个层面，价值观高于动机，也就是说，价值观驱动消费动机的形成，进而使其完成某些购买行为。对健康的关注可以被视为自我主义（使个人或家庭受益），因此其受利己价值观的驱动。对环境和生态、动物关注的行为更加无私（有利于他人或社会，而不是个人），因此其受利他价值观的驱动。

第五节 有机食品消费研究的基础理论

现有研究已经建立了各种各样的理论模型或框架用来解释有机食品的购买行为。计划行为理论和理性行为理论常被用来预测和研究绿色产品、有机食品的消费问题（Paul et al., 2016; Tarkiainen and Sundqvist, 2005）。Zapeda 和 Deal（2009）运用价值—信念—规范理论（VBN 理论）和态度—行为—外部条件（ABC）来理解消费者购买有机食品和当地食物的原因。他们提出了一个新的理论框架，命名为 Alphabet 理论，这是基于访谈数据相关的人口统计数据，来解释有机食品和当地食品的购买行为。类似地，Zanoli 和 Naspetti（2002）使用了方法—目的链模型将产品的属性与消费者需求联系起来。Paul 和 Rana（2012）提出了一个理论框架，它显示了诸如健康益处、生态意识、可获得性和新鲜度等因素对有机食品购买意愿的相对重要性。

本书第四至六章主要基于的理论有计划行为理论、VBN 理论、S-O-R 模型和线索利用理论，接下来，将着重介绍这几个理论。

一、计划行为理论

计划行为理论（Theory of Planned Behavior, TPB）在绿色营销中被广泛应用。关于有机食品的大量研究（Aertsens et al., 2011; Arvola et al., 2008; Chen, 2007; Tarkiainen and Sundqvist, 2005）都使用了 Ajzen（1991）提出的计划行为理论来解释和了解消费者的购买意愿和行为。

计划行为理论的前身是 Ajzen 和 Fishbein（1973）提出的理性行动理论（Theory Reasoned Action，TRA）。该理论认为，行为态度和主观规范直接影响行为意向，而行为意向则直接决定实际行为。但研究发现，理性行动理论并不总是有效的。因为理性行动理论将行为视为完全个体意志的结果，而实际生活中大部分行为不仅取决于个体的主观意愿，还有赖于个体执行该行为的能力和条件，即执行（或不执行）某种行为的能力，Ajzen 称其为个体行为控制。Ajzen 在理性行动理论的基础上增添了感知行为控制（Perceived Behavioral Control，PBC）这一变量，提出了计划行为理论。计划行为理论是一种心理模型，它考虑了人类行为的三个基本方面：个人态度、主观规范和感知行为控制。这些都是参与某种行为的意图的基本前提，这反过来又调节了它们与实际行为的关系（Honkanen and Young，2015）。

经过学者们的不断完善与补充，现在我们一般认为计划行为理论是一个三阶段行为分析模型：第一阶段，认为行为意向决定个体行为；第二阶段，认为行为态度、主观规范和行为控制三方面决定行为意向；第三阶段，认为对应信念决定行为态度、主观规范和行为控制（徐祎飞等，2012）（见图 2-4）。

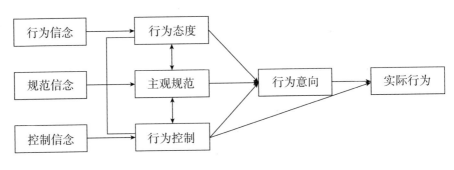

图 2-4　计划行为理论模式图

资料来源：闫岩. 计划行为理论的产生、发展和评述 [J]. 国际新闻界，2014，36（7）：113-129.

1. 信念

心理学中的信念（belief）是指个体认为某种预期为真的可能性。个体拥有大量有关行为的信念，但在特定的时间和环境下只有相当少量的行为信念能被获取，这些可获取的信念也叫突显信念。信念按三大模块分为三类：行为信念

（behavioral beliefs）、规范信念（normative beliefs）和控制信念（control beliefs）（Ajzen，1991；Doll and Ajzen，1992）。这三类信念解释了其对应的认知元素，其他一切内部元素和外部元素必须通过影响信念来间接影响行为态度、主观规范和行为控制，最终影响行为意向和行为（Armitage and Conner，2001）。在有机食品消费行为背景下，Arvola（2008）等人研究表明，信念与行为意图、有机食品特性（如味道、健康状况）以及对环境的感知益处有关。

2. 态度

个体对某一行为持有大量不同的关于结果可能性的行为信念。行为信念由两部分构成：信念强度（strength）和价态评估（evaluation）。信念强度是指人们对行为结果能够实现的期望程度；价态评估是对结果的积极或消极属性的预期（Fishbein and Ajzen，1975）。这两部分的乘积之和构成了对某一行为的总体态度。

态度反映个人喜欢执行或不执行某个行为。具体而言，它表达了个体对某种行为的正面/负面评价。态度越积极，表达这种行为的意图就越强（Armitage and Conner，2001）。在有机食品消费的具体背景下，Sparks 和 Shepherd（1992）调查了消费者对有机蔬菜的购买，并认为态度通过直接影响购买意愿从而来塑造消费者的行为。继 Fishbein 和 Ajzen（1981）之后，态度被视为可能与购买意图直接相关的不同信念的总和。虽然大多数应用计划行为理论来研究有机食品购买和消费意愿的研究已经表明了态度在塑造购买意愿中的关键作用，但这种关联的力量仍然不明朗。

与相关理论一致，消费者的态度、主观规范和感知的行为控制可以预测消费者的行为意图和购买行为。尽管有机食品通常被认为是安全、健康和营养的（Tsakiridou et al.，2008），但研究表明，这些积极的态度并没有导致大部分的定期购买（Aertsens et al.，2009；Aertsens et al.，2011）。

态度是决定购买有机食品的最重要的预测因素，人们发现了态度与意图之间的关系是积极而有意义的。除了态度，主观和个人的规范也影响着有机食品的消费（Aertsens et al.，2009）。带有营养信息和健康声明的食品包装标签的存在，会强烈影响态度和购买意愿。消费者对具有详细标签描述和营养信息的产品有更倾向的态度。当今的消费者更加关注和关心他们健康的生活方式，他们希望有健康的行为并且吃有营养的食物（Gould，1988；Baker et al.，2004）。

道德问题是另一个重要的因素，因为对环境和动物福利的关注会引导人们的行为。对此类问题的担忧越大，人们消费健康食品的可能性就越高（Honkanen et al.，2006）。大多数人都认为有机食品是一种道德产品。尽管 Alwitt 和 Pitts（1996）指出，对环境的积极态度并没有影响购买者的购买意愿，但许多消费者不仅相信公平的交易行为，而且他们也希望购买由生产者以道德方式生产的产品。这些道德因素对供应商造成了影响，因为这些因素决定了它们的市场规模和市场份额。Auger 等（2003）专注于道德消费主义，他的研究包含了公司产品的社会组成部分的重要性。消费者只对那些对社会安全的产品感兴趣。Doran（2009）强调，公平交易知识、公平交易信息的感知数量和质量以及整体关注会直接或间接地影响购买行为。道德消费的重要决定因素取决于社会地位、公平贸易的采用、环境的关切和宗教凝聚力（Doran and Natale，2011）。

3. 主观规范

主观规范是指个体所感知到的社会压力对某一行为的支持或反对。个体所感知的社会压力往往来自于"重要的他者"（significant others），例如，同学、亲人和朋友等。通常社会距离越近的他者，对个人主观规范感知的影响越大。主观规范受规范信念（normative belief）和顺从动机（motivation to comply）的影响。其中，规范信念是指个体认为社会规范，通常是重要的他人或团体对特定行为的支持或反对的期望；顺从动机则是指个体遵循这种期望的程度（Fishbein and Ajzen，1975）。目前的很多研究中，主观规范都是对行为意向影响力最弱的要素，但主观规范对负面行为的影响却非常显著，如非法下载、购买盗版、风险性行为等。

个人在特定行为中参与（或不参与）也会感知到共同的社会规范（SN）（Ajzen，1991）。遵守规范允许团体成员避免触发拒绝反应，同时激发社会认可感（Cialdini et al.，1999）。此外，Cialdini（1990）等人区分了禁令和描述性社会规范：前者与人们普遍认可或谴责的观念有关，后者则是通过观察大多数人的行为来得出模棱两可的条件。计划行为理论尤其关注禁令规范的作用。主观规范是规范性影响的表达，它与最重要的个体（特定主体）认为是可接受或不可接受的行为有关。Zagata（2012）认为，与有机食品选择最相关的社会影响来自家人和朋友，而工作同事的影响可以忽略不计。

主观规范与购买意愿之间的关系也是不确定的（Aertsens et al., 2009）。主观规范指的是个体参与或不参与受重要他人判断影响的行为的感知社会压力（Ajzen, 1991）。然而，研究发现，主观规范与对有机食品的态度有关，而不是与行为意图相关（Tarkiainen and Sundqvist, 2005）。环境行为背景下的主观规范对态度、感知行为控制和道德规范具有间接影响（Bamberg and Möser, 2007），而其他研究则发现，主观规范与有机食品购买意愿之间存在显著的正相关关系（Chen, 2007; Dean et al., 2008）。有机食品研究中的个人规范被解释为道德规范，它引发了有机食品购买和消费等爱护环境的行为（Aertsens et al., 2011）。然而，这种规范及其影响往往受个人属性（例如，自我价值观）的影响（Stern, 2000）。有机食品购买明显是一种爱护环境的行为。如果确认了规范性信念的主张，则主观规范与购买意向或实际购买行为之间的关系应该是一致的。但由于先前研究的结果不一致，目前的研究认为，有机食品购买和消费是个人选择，而不受社会规范本身的影响。个人选择是由消费者的个人特征引起的，例如，个人购买风格（Lobo and Chen, 2012）。

4. 行为控制

行为控制是指个体认为自己能够控制并执行某种行为的容易和困难程度。所有的人类行为都受到内部和外部不确定因素的影响。态度和主观规范考察的是主观因素，而行为控制则涉及对客观因素的评估。行为控制受控制信念（control beliefs）和知觉强度（perceived power）两个因素影响。其中，控制信念是指个体知觉到的可能促进和阻碍人们执行某一行为的因素，知觉强度则是指个体知觉到这些因素对行为的影响程度。在实际控制条件充分的情况下，行为意向直接决定行为；在实际控制不充分的条件下，行为控制反映了实际控制条件的状况，可作为其替代测量指标，直接预测行为发生的可能性。

感知行为控制与那些可能促进或阻碍行为表达的因素的个体感知有关（Guido et al., 2010）。根据 Ajzen（1991）的模型，只有当行为不完全在人的意志控制之下时，感知行为控制才会影响实际行为。通常，购买有机食品的障碍与较高的价格和较低的可用性相关（Robinson and Smith, 2002）。

感知行为控制对有机食品购买的影响显然是复杂的（Aertsens et al., 2009）。虽然 Ajzen（1991）提出，感知到的行为控制可能会促进或阻碍一个人的行为，但在有机食品的情况下，研究人员（Dean et al.，2008）发现它与购买某些有机产品的意图有很大关系。这些发现表明，购买意愿取决于各种因素，包括感知障碍和影响后续行为的能力。感知障碍和能力主要体现在有机食品价格，可负担性和与有机食品认证过程中的信任相关的产品属性上（Aertsens et al.，2011；Lea and Worsley，2005；Padel and Foster，2005）。价格和可负担性是影响消费者购买有机食品和实际购买意愿的明确因素（Hughner et al.，2007；Padel and Foster，2005）。

二、价值—信念—规范理论

Stern 等人（Stern et al.，1999；Stern，2000）提出了价值—信念—规范理论（Value-Belief-Norm，VBN），这一理论与价值观理论（Value Theory）、新环境范式理论（New Environmental Paradigm，NEP）和范式激活模型（Norm-Activation Model，NAM）理论联系起来。

根据已经描述的将环境行为与特定基本类型的价值观联系起来的推理，研究人员利用 Schwartz 及其同事（Schwartz and Bilsky，1987；Schwartz，1992）在跨国研究中开发的价值观测量量表，使用它们或修改它们用于环境研究（Stern et al.，1995）。在这种方法的最初表述中，Stern 等（1993）提出了与环境主义相关的三个价值观类型：利己价值观、利他价值观和利生态圈价值观。这三类价值观的内涵被认为是相互独立的，并且在环境哲学和保护环境运动文献中被注意到，但是，利他价值观和利生态圈价值观的区别尚未在样本中得到证实，使得一些研究中删除了利生态圈价值观，仅保留了利己价值观和利他价值观（Yadav，2016）。

范式激活模型（NAM）最初用来解释利他行为，现在经常被应用于环境行为领域。该理论认为，当个人意识到他们会对他们或环境产生不利后果（后果意识，Awareness of Consequences，AC），并且当他们认为他们对这些结果不利时（责任归属，Ascription of Responsibility，AR），与个人规范相对应的行为就会发生。NAM 理论认为环境行为是由个人规范引发的，例如，爱护环境的道德义务感。这些个人规范是由威胁环境条件下的信念引发的。价值—信念—规范理论认为对所关注对象造成威胁的后果意识（AC）和个人可以采取行动减少这种威胁的责任归属（AR）独立于个人—环境关系的一般信念。

Dunlap 等提出新环境范式理论（NEP），NEP 量表（Dunlap and Liere，1978）

可能是环境主义文献中使用最广泛的社会心理测量量表。NEP 主要衡量关于生态圈的广泛信念以及人类活动对其的影响，从中可以很容易地推断出对生态变化不利后果（AC）的信念（Stern et al.，1995）。从某种意义上说，NEP 测量的是对环境条件的非常一般的不利后果的意识，而大多数使用 Schwartz 范式激活模型的研究使用特定问题后果的测量。而 NEP 是一种世界观，使个人倾向于接受更为狭隘的 AC 信念。

价值—信念—规范理论将 NEP 和 NAM 联系起来，图 2-5 给出了一个价值—信念—规范理论变量示意图。因果链中提出的理论是从相对稳定和普世的价值观到人类—环境关系的信念，反过来又会影响对环境行为后果和这些问题的个人责任，以及采取纠正措施的信念。

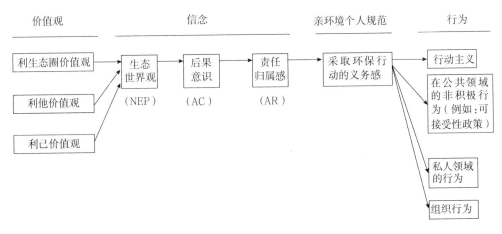

图 2-5 价值—信念—规范（VBN）理论

资料来源：Stern P. C. New environmental theories：Toward a coherent theory of environmentally significant behavior [J]. Journal of Social Issues，2000，56（3）：407-424.

VBN 理论将个人价值观、新环境范式理论（NEP）、对所关注对象造成威胁的后果意识（AC）、个人可以采取行动减少这种威胁的责任归属信念（AR）和个人环境行为规范五个变量连成一条因果链。因果链从相对稳定的人格和信仰结构的核心要素转变为关于人与环境关系的更集中的信念，它们将有价值的对象构成的威胁，以及行动的责任，最终激活产生倾向的道德义务感联系起来。从相对稳定和一般的价值观转向人类—环境关系的信念，而这种信念反过来被认为会影响到特定的对环境行为的后果、个人对这些问题的责任以及采取纠正措施的责任归属信念。其中价值观包括关注自身利益的利己价值观，对他人关注的利他价值观，以及对其他物种和生物圈关注的利生态圈价值观。VBN 理论强调环境行为是由个人规范产生的，即具有道德义务的环境责任感。这些个人规范是由特定信念激活的，包括对所关注对象造成威胁的后果意识（AC）和个人可以采取行动减少这种威胁的责任归属信念（AR），以及一种新生态范式（NEP）。对不同目标（例如，自我、其他人或生物圈）的价值观将注意力转向与价值观一致的信息，例如对威胁健康和环境信息的关注，这些信息会影响到爱护环境行为的意愿（Stern and Dietz, 1994；Stern et al., 1995）。在一些研究中，AC 和 AR 信念关注一般环境条件（Stern et al., 1999），与一般信念相比，特定信念通常与行为的关联性更强（Nordlund and Garvill, 2003）。这表明如果 AC 和 AR 信念针对要解释的特定行为进行调整，则可以增强 VBN 理论的预测能力。

理解 VBN 理论的一个关键点是从价值观到环境保护主义的联系是由特定的信念所调节的，例如 AC 和 AR 信念。个人规范和环境行为的倾向可能受到塑造这些信念的信息影响。VBN 理论提供了一种态度形成的描述，可以处理新的或不断变化的态度对象（Stern et al., 1995）。更一般地说，环境问题是如何被社会建构的。因此，VBN 理论与认知心理学中的构建偏好倾向相容。价值观并不具有强烈的对行为的直接影响作用，许多理论家提出了执行行为意图，这是最接近实际行为表现的认知前因。

三、S-O-R 模型

S-O-R 模型（Mehrabian and Russell, 1974）可以被用来解释有机食品消费。基本的 S-O-R 模型包含三个要素：刺激、有机体和反应。刺激通常被认为是对个体的外部刺激。有机体一般指环境刺激引起的内部状态。反应是最后的结果，要么是趋近行为，要么是退避行为。换句话说，S-O-R 模型假设一个有机体暴露在环境刺激下，将以独特的方式处理这些刺激，并作出相应的反应。S-O-R 模型已应用于零售业，例如，一些研究已经检验了店铺气氛作为环境刺激，对愉悦和唤醒状态的影响（Baker et al., 1992；Donovan and Rossiter, 1982）。文献描述了两种不同类型的刺激：对象刺激和社会心理刺激（Arora, 1982）。对象刺激包括产品特性、消费的时间和复杂性，而社会心理刺激来源于周围的环境（Arora, 1982）。由于购买有机食品的一个主要决定因素是与健康、环境保护和动物福利有关的产品属性，这些对象刺激被认为更适合于这项研究，而不是诸如店铺氛围的社会心理刺激。本书中有机食品的感知属性可以作为刺激物，消费者对有机食品的感知质量可以作为机体反应，购买意愿、顾客融入和溢价支付意愿可以作为接近—退避变量。

四、线索利用理论

线索利用理论（Cox，1967；Olson and Jacoby，1972）为有机食品属性替代环境刺激提供了进一步的理由。消费者通常根据店铺提供的信息间接评价产品。用作质量指标的产品信息通常称为线索。Cox（1967）认为，消费者可能会试图克服他们的不确定性，并且通过选择一个或多个线索作为评估产品质量的基础信息。特别是当消费者高度关注产品时，他们倾向于搜索与产品显著属性相关的信息。然后，消费者将从产品的显著属性中形成对产品的印象。

Zeithaml（1988）基于线索利用理论解释了产品内在属性和外在属性在产品质量评估中的作用。根据这个理论，消费者利用关键的产品属性（例如，价格、品牌名称、颜色等）作为线索来判断产品质量。质量认知是通过评估关键产品属性而得到的，对产品的选择决策至关重要（Olson and Jacoby，1972）。吴小丁等（2016）依据线索利用理论探索了店铺线索和消费者信任的关系，得出店铺的内部线索或者外部线索有一方表现良好，即可带来认知信任，当内部线索和外部线索均表现良好时，才能带来情绪信任。情绪信任是认知信任影响消费者购买心理与行为的桥梁（吴小丁等，2016）。

线索利用理论认为，消费者具体使用哪些线索做出判断，取决于线索的预示价值和信心价值（Dick et al.，1990）。预示价值是指消费者认为某线索真实反映产品信任的程度（Olson and Jacoby，1972），即线索的可靠性；信心价值是指消费者对自己能够精确地使用线索并做出判断的能力所持有的信心（Olson and Jacoby，1972），即线索的易判断性。对于有机食品来说，内部线索是指内置于有机食品的线索，决定着有机食品的本质，内部线索一旦发生改变，该产品的本质也随之发生改变。有机食品的内部线索包括生产过程、营养成分、自然成分等。有机食品的外部线索包括营销组合产生的相关信息，例如，价格、包装、品牌等（Olson and Jacoby，1972）。

第三章 有机食品消费行为的整合分析框架构建

有机食品消费的研究主要聚焦于有机食品购买意愿的影响因素（Yadav，2016；Teng and Lu，2016；Lee and Hwang，2016）。现有研究从多种视角对有机食品购买意愿进行了解释，例如，健康意识，对健康越关注的消费者，其对有机食品的偏好越高，大大地超过了常规食品。环境关注、涉入度等因素也被多次提及，但影响因素是多视角的。购买有机食品以改善生活质量的需求将对零售、分销以及企业的营销产生巨大影响。本章将对现有研究中提到或者经过实证检验的影响因素进行梳理、归类，为本书后面几章的实证研究做好理论上的铺垫。

第一节 问题的提出

传统上，粮食的种植都是不使用除草剂和杀虫剂等化学药品的，农民种植粮食更多的是为了自己食用，现在看来，这些食品就是纯天然、无污染的有机食品。从20世纪40年代起，世界上一些地区人口迅速增长，出现了饥荒等现象，粮食生产需要提高产量，这使得有增产作用的化学药品被渐渐地使用到了农业生产上。农民发现，化学药品可以提高产量，从而缓解饥荒，人们渐渐地接受了这种生产方式。结果农业种植不再是纯天然无污染的了。消费者也渐渐地接受了这样生产出来的食品，因为这种食品的价格更低廉。

化学品的使用，不仅使得食品存在安全隐患，也带来了环境问题，如水污染、空气污染、土壤污染等。最终，滥用化学品导致环境恶化。这种食品的营养价值也受到了怀疑，有研究表明，有机食品的营养价值并没有得到提升。食品问题与健康问题直接相关，癌症、糖尿病和心脏病等疾病的高发引起了人们的警惕，使消费者认识到食品质量安全的重要性（Roberfroid，2002）。这种现象对有机食品需求的增长做出了很大的贡献（Norman et al.，2000）。从农民的角度来看，有机食品的高价格可以为其带来更多的利润，从消费者的角度来看，有机食品能够保证其健康。回归到有机农业生产体系上来，是多方利益共同的诉求。有机食品不仅在欧美的一些发达国家获得认可，而且在中国和印度等一些发展中国家也获得认可（Paul et al.，2016）。

有机农业生产体系的建立需要整合多个环节，包括土壤养护、施有机肥料、不使用化学类杀虫剂和除草剂等，这使得有机食品的生产成本远远高于传统食品。但随着消费者的可支配收入的快速增长，他们对生活质量的追求不断提高，使得消费者能够也愿意为有机食品付费（Kriwy and Mecking，2012）。有机食品的独特属性成了营销人员进行宣传的卖点，他们宣传有机食品是健康的、环保的。他们认为，有机食品行业的发展，依赖于消费者饮食消费方式的转变，即需要消费者接受有机食品。为此，有机食品生产企业需要知道谁是有机食品的购买者，哪些是消费者购买有机食品过程中关注的重要因素。为此，营销人员需要了解他们可以向谁推销有机食品，也就是有机食品的潜在消费者。此外，他们还想知道哪些因素会影响这些消费者的购买决定。但文献对这一问题的解释是零散的，本书将系统梳理现有文献，对有机食品消费的影响因素进行梳理。

本章将围绕如下几个问题展开：①评估消费者对有机食品的态度转变的原因；②搜集影响消费者对有机食品的态度和行为的重要因素；③对这些影响因素进行归类、梳理。

第二节　文献搜集与整理

本书主要采用文献分析法对现有结论进行梳理，以了解影响有机食品消费的关键因素。我们首先对过去 30 年（1988～2018 年）关于有机食品的中英文文献进行了检索，包括关键词检索和参考文献列表检索，参考文献列表检索更加有针对性，能够保证文献来源的深度，关键词检索能够保证文献来源的宽度，关键词包括有机食品、绿色食品、有机食品购买意愿/意向/消费、有机食品属性、有机食品价格、亲环境行为、有机食品态度等。检索的数据库包括中国知网、谷歌学术、EBSCO、Elsevier 等，共下载中英文文献 500 余篇。

基于本书的研究内容和目的，本书对这 500 多篇文献进行筛选，剔除一些关于有机食品概念界定、发展历程、有机农业种植技术、土壤肥力、化学肥料、有机肥料等与本书主题相关性不大的文献，最终确定的样本由 120 篇文献组成。这些文献包括影响有机食品消费者行为和购买意愿的所有重要因素和变量。我们对这些研究文献进行了回顾和解读，这有助于我们理解有机食品，以及消费者对有机食品的态度。为了了解在不同国家背景下各类因素的重要性，我们分析了在不同国家背景下进行的一些研究，这些研究已经确定了引发消费者态度转变的一些因素。

第三节　影响有机食品消费的因素分析

近年来，媒体经常报道与健康相关的话题，这些话题不断强化消费者的健康意识。此外，不断飙升的环境成本已经催生出"绿色"消费者人群（Peattie and Ratnayaka，1992）。由于担心商业种植的食品存在风险以及肥胖和糖尿病的高发率，亚洲消费者也越来越倾向于选择有机食品。消费者不介意为无风险食品支付更高的价格（Zepeda and Li，2007；Tsakiridou et al.，2008）。许多零售商店铺抓住了这个机会，专门为有机食品保留专门的区域和通道。

一些影响因素已经在文献中多次被提及，有些因素也得到了实证检验。但是，有些影响因素对有机食品购买意愿的影响机理没有被揭示出来，有些因素对有机食品的影响作用还没有达成共识，例如，感知价格。自尊的需求是影响消费者转向有机食品消费的因素之一（Haugtvedt et al.，1992）。食品质量、安全和新鲜度也是需求的驱动因素（Loureiro et al.，2001；Botonaki et al.，2006；Kihlberg Risvik，2007）。对环境的关注也是影响需求的驱动因素，这是因为有机农业生产体系禁用杀虫剂和其他农药，这被认为是有利于生态环境的。有机食品的高营养价值是一个重要的需求驱动因素（Kihlberg and Risvik，2007；De Magistris and Garcia，2008）。消费者的健康意识是一个关键的驱动因素，对健康的关注会使消费者转向有机食品的购买。健康意识的增加会使消费者将传统食品和有机食品区分开来，使他们更关注有机食品的特殊属性，进而驱动他们购买有机食品（Harper and Makatouni，2002；O'Donovan and McCarthy，2002）。Bruschi（2015）

研究了俄罗斯消费者对有机食品的态度，以及促进或阻碍购买有机食品的因素，他们发现，个人的幸福感驱动有机食品消费。也有研究指出，有机食品消费能够促进幸福感。

多年来，一些关键因素对消费者的有机食品需求和购买有积极的促进作用。然而，有机食品的市场仍然相对较小（Gil et al.，2000；O'Donovan and McCarthy，2002）。因此，我们有必要对消费者有机食品态度和购买意愿的影响因素进行梳理，这将有助于提高人们对最有影响力因素的认识，加上有机食品生产企业的市场营销和推广，对有机食品产生积极的态度。与此同时，对某些抑制因素的负面内涵也要谨慎考虑。因此，分析促进和阻碍有机食品消费的影响因素至关重要，接下来，我们将分析有机食品消费的影响因素。

一、感官特征

食物的物理成分决定了其感官特征，包括其味道。有机食品从种植到生产都不同于传统食品，有机食品的感官特征及其发挥的作用也会不同。在购买之前，消费者很少知道食品的确切质量，但基于食品反映出来的属性或线索会形成对食品质量的期望，并且基于这些期望做出购买决定。在不同情况下，不同消费者可以获得不同的质量线索，它们的预测有效性和功效可能不同。消费者甚至可能意识到，他们用来形成关于属性的期望的某些线索，如味道，在有些情况下都不是特别具有预测性。只有在购买食品之后，消费者才有机会体验其质量，这可能与预期的质量相符或不相符。食品的质量基于许多方面进行评估，但感官体验起着关键作用，特别是味道（Acebrón and Dopico，2000）。感官吸引力对食品选择产生影响（Steptoe et al.，1995；Furst et al.，1996）。为了使一个产品能够在市场上获得成功，感官属性必须被优化（Mueller and Szolnoki，2010）。

二、价格

一般而言，价格或感知价格是阻碍消费者购买的因素。价格越高，消费者的购买意愿越低。但有机食品价格所起的作用可能不同，在有机食品消费过程中，价格既可能是阻碍消费者购买的因素，也可能是促进消费者购买的因素。Liu 和 Niyongira（2017）通过对中国北京和南京的消费者进行食品购买行为调查，结果显示，价格是购买考虑的第四重要的因素，其他三个分别是食用的截止日期、食品颜色和营养成分，他们的研究也得出，价格对食品支出有显著的负向影响作用。但也有研究指出，中国的消费者更喜欢昂贵的进口有机食品，尽管价格较高，但中国人认为进口产品质量更好，更值得信赖（Lobo and Chen, 2012）。中等收入群体是有机食品的目标群体，因为这些群体可以支付更高的价格（Deliana, 2012）。较高的市场价格驱动农户种植有机食品，但高价格是能驱动还是抑制有机食品消费，仍然需要进一步探究。

三、有机食品认证

有机食品认证机构通过认证证明该食品的生产、加工、储存、运输和销售点等环节均符合有机食品的标准。认证一般由第三方的专业机构来完成，独立于第一方和第二方之外，能够做到公开、公正、公平，认证结果有绝对的权威性。认证是鼓励消费者购买有机食品的一个重要因素，为了获得消费者的信任，农民必须通过认证来证明和验证他们的产品（Deliana, 2012）。与检验证书相关的关注将随着食品安全支出的增加而增加，那些更关心检查检验证书是否存在的人会接受在安全食品上花费更多的钱（Liu and Niyongira, 2017）。Gil 等（2000）的研究证实，农民应该致力于提高对有机食品有兴趣的那部分细分市场的消费。

四、食品安全

很多研究表明，食品安全能够增加有机食品的消费动力（Thomas and Gunden, 2012；Van Loo et al., 2013）。有机食品是在不使用杀虫剂和其他农药的情况下生产的，这些化学物质对人体健康有害。与食品相关疾病的不断升级，如禽流感、非洲猪瘟和疯牛病，使人们越来越关注食品安全。消费者认为，有机食品比传统食品更健康，因为他们相信有机食品不含有害化学物质（Lea and Worsley, 2005；Padel and Foster, 2005）。尽管有一些研究不支持有机食品含有较低的合成农药残留物、硝酸盐或重金属（Magkos et al., 2006；Smith-Spangler et al., 2012），但消费者仍倾向于相信有机食品比传统食品更安全、更有营养（Magkos et al., 2006）。因此，政府、医疗行业专业人士、研究人员等正在积极推动食品安全。食品安全作为有机食品的信任属性，能够提升感知质量，进而影响感觉价值和购买意愿（Lee and Hwang，2016）。

五、健康关注和营养成分

健康意识（health consciousness）或健康关注（health concern）经常被提及，被用来解释有机食品购买意愿。有健康意识的消费者是自我医疗保健的积极参与者（Gould，1988）。健康意识强的人积极进行健康管理，他们会主动参与一些健康活动以提高或保持生活质量，同时做到不生病。Hill 和 Lynchehaun（2002）认为，关注健康的消费者认为，有机食品可以改善他们的健康，因为他们倾向于相信有机食品比传统食品更有营养。健康意识需要好的营养食品纳入消费者的饮食，使得它与购买有机食品有关（Paul and Rana，2012）。个体对健康的关注表现出了自我（关注自我或家庭）的概念，因此可以理解为自我主义（Magnusson et al.，2003）。与传统食品相比，有机食品被认为更健康，营养价值更高（Lea and Worsley，2005），它的种植过程不使用任何有害化学肥料（Pino et al.，2012）。购买有机食品时，与健康相关的问题和安全问题被认为是主要的激励因素（Wandel and Bugge，1997）。更具体地说，对健康和幸福的渴望是有机食品市场的驱动力。越来越多的有机食品消费文献表明，健康问题和与之相关的问题是形成积极态度（Chryssohoidis and Krystallis，2005；Padel and Foster，2005）以及对有机食品的消费意愿（Kareklas et al.，2014；Soler et al.，2002）的重要驱动因素。

六、环境关注和生态友好

环境问题和社会规范有助于塑造和预测个人行为（Laroche et al.，2001；Paul et al.，2016），虽然一些研究不太重视社会规范对人类行为的预测作用（Laroche et al.，2001；Paul et al.，2016）。Schwartz（1973，1977）发现，社会规范和环境问题已经形成了一种道德义务感，并在消费者中形成了一种积极的环境态度。这一演变促进了"环保产品"（也被称为"绿色产品"）的发展，为美国和德国等发达国家市场的有机食品发展铺平了道路。麦肯锡（2007）进行的一项调查发现，消费者担心农场使用杀虫剂和化学品带来有害影响，结论是大多数怀有这种担忧的公民都来自加拿大、美国、中国和印度等国家。由环境关注引发的道德消费或亲环境行为包括购买绿色产品，对不关注环境的产品进行抑制。道德消费主义鼓励消费者购买绿色产品，以履行他们的道德责任（Cho and Krasser，2011）。对许多品牌来说，绿色元素和绿色创新的使用可以提高消费者对它们的态度（Olsen et al.，2014；Kouba，2003；Seyfang，2006）。

七、消费者价值观

价值观是信仰，可以作为评估行动、人和事件的准则或标准（Schwartz and Bilsky，1987）。许多研究已经证明了价值观在态度上的等级优先级，因为价值观代表了选择具有特定属性的产品的动机，从而影响了购买和消费行为的方向和强度（Homer and Kahle，1988）。在研究中有充分证据表明，价值观对于理解（De Barcellos et al.，2014；De Groot and Steg，2009），甚至解释亲环境行为是有用的（Thøgersen and Ölander，2002）。Kareklas 等（2014）认为，与大多数其他购买不同的是，利己主义价值观可能会推动决策，有机购买决策可能会扩展到个人关注之外，也包括社会关注和生态关注（Kareklas et al.，2014）。与此相关的是，现有的研究表明，除了关注一个人的健康和福祉（Schifferstein and Ophuis，1998；Zanoli and Naspetti，2002），对环境的关注也可能会改变消费者对有机食品的态度（Kareklas et al.，2012；Squires et al.，2001；Wandel and Bugge，1997）。具体来说，有机食品被认为是更环保的，对每个人都有好处（Wilkins and Hillers，1994），因为与传统食品不同，有机食品的生产不使用有害的化肥、除草剂和杀虫剂。很多研究表明，消费者愿意为社会责任产品支付溢价（Makatouni，2002；Pino et al.，2012）。有时候，由于恐惧、危险因素和消极情绪，消费者可能会变得更加谨慎。例如，对环境污染的认识和对传统食品消费引起严重过敏的恐惧，使健康和环境友好的食品消费得到了普及（Hoffmann and Schlicht，2013）。

八、社会意识和个人生活方式

购买行为与个人的特点有关。每个消费者的行为方式都不一样，他们消费的产品要与他们的自我概念保持一致，以符合他们的个性。一些消费者关心社会福利，这使他们关心对食物和健康的选择。Seyfang（2006）的实证调查显示，65.2%的受访者表示希望支持和加强当地的经济和社区，包括更大程度上的选择和独立于跨国公司和超市。这些愿望鼓励一些知名消费者购买有机食品来树立榜样，激励他人改变消费模式，从而获得社会效益（Canavari and Olson，2007）。社会影响是一个非常广泛的领域，影响着人们的情绪、观点和行为（Wood and Hayes，2012）。Canavari 和 Olson（2007）指出，某些食物被当作身份的象征。在一些国家的精英社会中，食用昂贵且排他性的有机食品已成为最新的趋势。它是消费者购买力和奢侈生活方式的展示，也是拥有更多可支配收入的证明。

九、文化传统

在一些国家和地区，有机食品被视为传统和文化实践的基石，一些消费者只从当地农民处购买产品，以维持他们的文化和传统价值的神圣性（Thomas and Gunden，2012）。例如，印度北部农村北阿坎德邦（Uttarakhand）的农民种植了40 种红芸豆，这是一种非常流行的豆类，这是传统菜肴的主要成分。默认情况下，印度次大陆的传统食物是有机种植的，因此爱国的印度消费者更喜欢有机食品。中国的云南和贵州等地的消费者，食用当地的山野菜、草药等，他们认为这些食品是有机的，并愿意食用和购买。其他国家包括瑞士和丹麦，也出现了这种趋势（Pino et al.，2012；Thomas and Gunden，2012）。人们承认他们的祖先更健康、精神更强大、更虔诚、更有精神。因此，消费者正在回归古老的农业生产实践。Chinnici 等（2002）发现，消费者将有机食品的消费与过去的生活相联系。Hughner 等（2007）表明，回归根源是提高消费者对有机食品意识的一个强有力的因素。祖先们更喜欢吃天然食品，天然食品更新鲜、容易消化并且不含化学成分。

第四节　不同国家中影响有机食品需求的因素

全球各地区都在不断加大有机农业的种植比例，从而为当地居民带来更大的福利。国家和国家之间的经济、文化、生活方式存在差异，影响需求及其优先级的因素也可能存在差异。了解不同国家的发展现状和路径模式显得异常重要。本章对近几年以不同国家为背景的有机食品消费研究进行了整理，然后分析发达国家和发展中国家中影响有机食品消费态度和购买意愿的因素的异同（详见表3-1）。

表 3-1　不同国家影响有机食品消费态度和购买意愿的因素

序号	作者（年份）	研究主题	研究方法	影响因素	国家环境
1	Liu and Niyongira（2017）	中国消费者的食品购买行为和安全意识	问卷调查（描述性分析、回归分析）	◇ 有效期、生产日期 ◇ 食品颜色 ◇ 营养成分	中国
2	Yadav（2016）	价值观对有机食品消费的影响	问卷（结构方程模型）	◇ 利己价值观 ◇ 利他价值观 ◇ 有机食品态度	印度
3	Lee and Yun（2015）	有机食品的属性、态度对购买意愿的影响	问卷（结构方程模型）	◇ 享乐态度 ◇ 功利态度	美国
4	Grimmer et al.（2015）	情境对购买意向和行为的影响	实证检验（消费者样本数为772）	◇ 价格 ◇ 可获得性 ◇ 购买的便利性	澳大利亚
5	Gad Mohsen and Dacko（2013）	有机食品消费的利益细分基础的延伸	问卷调查（相关和回归分析）	◇ 高感知先验知识 ◇ 高水平的未来导向	英国
6	Zagata（2012）	有机食品的消费者信念和行为意向	问卷（结构方程模型）	◇ 态度 ◇ 主观规范 ◇ 感知行为控制	捷克
7	Pino et al.（2012）	有机食品购买意愿的常规因素和偶然因素	调查和结构方程模型	◇ 道德承诺 ◇ 食品安全	意大利
8	Essoussi and Zahaf（2008）	有机食品消费者社区：一项探索性研究	调查（内容分析、录音采访）	◇ 有机内容的知识 ◇ 标签认证	加拿大
9	Tsakiridou et al.（2008）	有机食品的态度和行为：一项探索性研究	问卷（描述性统计和非参数检验）	◇ 健康 ◇ 环境关心 ◇ 动物福利	希腊
10	Santhi et al.（2007）	有机食品的购买行为和社会经济因素的影响	问卷调查（卡方、方差分析和因子分析）	◇ 婚姻状况 ◇ 饮食习惯	印度

资料来源：Rana J, Paul J. Consumer behavior and purchase intention for organic food: A review and research agenda [J]. Journal of Retailing and Consumer Services, 2017, 38: 157-165. 本书作者整理。

发达国家和发展中国家影响有机食品购买的因素存在相同点，也存在差异。

表3-1揭示了影响某些国家有机食品消费者态度的一些重要因素。可以推断出，在发达国家中，道德承诺、质量、安全、知识和健康是重要的因素。然而，发展中国家的重要因素包括可获得性、教育、健康、婚姻状况和家庭规模。值得注意的是，在这两种国家中，健康都被视为重要因素。有必要对发展中国家和发达国家的数据进行比较研究。这些研究将有助于了解不同层次的需求和有机食品需求之间是否存在联系。在消费者需求得到普遍满足的发达国家，决策的社会影响最小，他们可能需要有机食品来满足自尊和自我实现的需要。而在发展中国家，由于受到经济水平的制约，有机食品的需求低于发达国家，但其潜在需求却远高于发达国家。

第五节 有机食品消费的整合分析框架

健康意识被认为是消费者对有机食品态度和行为的最佳预测指标（Paul and Rana，2012）。健康因素创造了一种积极的态度，即有机食品消费是预防疾病的一种方式。医疗保健行业可以利用这些信息，轻松促进有机食品的使用。健康意识构成了许多消费者购买意愿的基础，它与消费者购买行为和态度正相关。另外，环境问题是另一个重要的激励因素，也是形成消费者对有机食品持积极态度的主要原因（Makatouni，2002）。尽管需求有所改善，但由于农民缺乏作物保护所需的资源和农业知识，有机食品生产并没有得到迅速提升。

基于对有机食品消费的文献的梳理，本书获得了有机食品购买意愿的影响因素，并将这些因素进行整合，构建了有机食品消费的整合分析框架（见图3-1）。

有机食品消费的变量涉及购买意愿、顾客融入和溢价支付意愿，本章第三节已经对有机食品消费的影响因素进行了分析，通过整理，可以发现，影响有机食品消费的因素可以从两个方面进行分类，一是消费者方面，二是有机食品属性特征方面。消费者方面包括消费者价值观、消费动机、生活方式和社会意识，有机食品属性特征方面可以从搜索属性、体验属性和信任属性来分类，搜索属性包括感知价格、有机食品认证标签和部分感官特征，这里的感官特征主要是在搜索过程中能体现出来的，如质地；体验属性包括营养成分、自然成分和部分感官特征，这里感官特征主要指味道等在食品体验过程中能体现出来的特征；信任属性主要包括食品安全和生态友好。

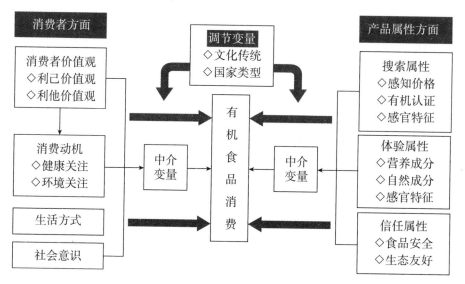

图 3-1 有机食品消费的整合分析框架

消费者方面和有机食品属性特征方面的因素都会直接对有机食品消费产生影响，但是，这些因素对有机食品消费的影响机理，现有文献中还没有达成共识，有很多机理还没有被揭示出来。影响这些机理发生作用的权变因素，也少有提及并检验。本书将根据这些研究缺口，从消费者方面和有机食品属性两方面入手，构建理论模型，并进行实证检验。

第六节　本章小结

有机食品消费与有机食品的营销和零售活动密切相关。在很大程度上，这些活动将取决于零售商的品牌、商店的规模、空间、价格和在特定地点的有机食品供应情况。在供应方面，O'Donovan 和 McCarthy（2002）认为，有机食品的可获得性是使其在消费者中流行的关键因素。这是因为，消费者只有在有规律的情况下才会购买某些食物。在需求方面，零售商需要采取一种独特的营销策略，使有机食品受欢迎，这将鼓励他们在店铺里出售有机产品。由于有机食品市场仍然是一个新兴的、创新的市场，零售商在制订营销策略时必须考虑到这个因素。

Danneels（2002）认为，在新市场上销售新产品通常需要零售商的特别努力。一些零售商可以将自己定位为高质量有机食品供应商，这一策略将帮助他们吸引那些愿意为更高质量的产品支付更多费用的消费者，以及那些喜欢在更好的环境中购物的消费者。他们可以突出可持续性和生态友好维度，因为有机食品对环境的友好感非常符合这一策略（Aertsens et al.，2009）。

零售商还可以为那些喜欢从专卖店购物的高收入消费者开放独家销售点。就促销而言，口碑营销是一个非常有效的促销工具，因为广告可能很贵。必须确定意见领袖和参考群体，因为他们具有很高的影响力，可以轻易说服许多人采用有机生活方式。正宗有机食品的证书可以在零售店中展示，对于小零售商来说，这可能很困难，但从长远来看，在商誉和信誉方面的收益是可以获得的。这些策略将创造消费者对有机食品的需求，并促使零售商增加有机食品的供应。

在一个消费者健康意识很强的利基市场上，有机食品是一个有吸引力的提议，他们想要消费安全、营养、环保的产品。但是有机食品不属于主流产品类别，因为它不容易获得。对于消费者来说，他们习惯了一种特殊的食物，在零售商店应该很容易获取。需要有各种各样的产品和不同种类的有机食品来满足消费者的各种需求。

通过对过去几十年有机食品消费的文献的整理与分析，我们构建了有机食品消费的整合分析框架，并指出了未来可能的研究议题。我们的研究结果表明，发达国家和发展中国家一样，都非常热衷于购买有机食品。缺乏有效的分销和推广体系严重影响了有机食品的供应，同时也为改善有机食品的易获得性提供了机会。

市场营销者需要了解影响有机食品需求的因素，他们应该探索那些不购买有机食品的消费者的身份。营销人员可以制定策略，将普通消费者转化为忠实的消费者。我们的研究结果还将帮助管理者制定推广策略。此外，它对包装等相关业务也很有用，市场营销经理可以利用这个研究的见解来决定他们的细分市场，以便他们可以瞄准潜在的消费者。农民以及那些想要建立一个有机食品生产合作社的人们可以使用这些信息。类似地，政策制定者、食品行业、旅游业的专业人士以及零售商都可以利用目前研究的成果来做出更好的决策。

第四章 消费者价值观对有机食品
购买意愿的影响研究

随着生活水平的不断提高，人们对待生活的态度正在悄然发生变化，消费者的需求正在由传统食品向有机食品转移。随着有机食品需求的不断增加，有机食品的销量一直保持涨势。据德国《农业日报》报道，2018 年和 2019 年，中国的有机食品销量有望继续以近 10% 的速度增长①，标志着有机食品消费已经成为非常普遍的消费行为。转向有机食品消费是促进消费可持续增长的关键行为之一（Pimentel et al., 2005；Reisch et al., 2013；Thøgersen et al., 2016）。有机食品消费行为属于可持续消费行为或亲环境行为。在可持续消费领域，消费者价值观是影响可持续消费行为的重要因素（De Groot and Steg, 2009；Fransson and Gärling, 1999）。在有机食品消费的背景下，消费者价值观对有机食品购买意愿的影响机理并不清楚，本书将探究消费者价值观对有机食品购买意愿的影响机理。

价值观是指作为个人或其他社会实体的生活中的指导原则，具有不同的重要性，是值得拥有的跨情境目标（Schwartz, 1994）。大多数研究都提出，与有机产品相关的价值观是异质的（Didier and Lucie, 2008）。在亲环境行为研究中，价值观一般被划分为利己价值观、利他价值观和利生态价值观三个维度（Stern et al., 1993；Stern, 2000）。消费者价值观对有机食品购买意愿有直接或间接的影响作用，但是影响作用的方向并没有达成共识。Van Doorn 和 Verhoef（2015）得出，利己价值观和利他价值观对有机食品的购买行为有负向影响作用。Yadav（2016）得出，利己价值观和利他价值观对有机食品购买意愿有正向影响作用。可见，消费者价值观对有机食品购买意愿的影响机理并没有被揭示出来。

在消费者对有机食品偏好的评论中，对人类健康和安全的关注被认为是激励

---

① 德国发布全球有机市场报告：中国人爱上有机食品，但"偏食"［N］. 环球时报，2019-02-26.

消费者购买有机食品的关键因素（Yiridoe et al., 2005）。有机消费动机对有机食品的态度产生积极影响，从而对购买意愿产生积极影响（Michaelidou and Hassan, 2008; Pino et al., 2012）。大多数研究都关注购买有机产品的消费动机以及驱动这些动机产生的价值观（Didier and Lucie, 2008），但消费者价值观驱动下的有机食品消费动机对其购买意愿的影响还少有学者研究。本章拟以健康关注和环境关注为中介变量，构建价值观与有机食品购买意愿之间的中介机制模型，来探讨消费者有机食品购买意愿的影响机制。

第一节　消费者价值观对有机食品购买意愿的影响机理模型

各种研究人员都在强调研究人类价值观的重要性，同时衡量价值观在亲环境（道德行为）中的作用（De Groot and Steg, 2009; Fransson and Gärling, 1999）。关于道德消费的文献表明，利己价值观（关注自我）和利他价值观（关注他人）是人类在以道德方式行事时决策的两个重要驱动因素。过去的研究通常表明，利他价值观和利己价值观彼此负相关（Schwartz, 1992）。对自我的关注和对他人的关注在概念上是截然不同且不相容的（Kareklas et al., 2014; Suitner and Maass, 2008）。然而，研究表明，这些不同的观点可能在个体内共存并可能影响他们的态度（Kareklas et al., 2014）。尽管有这些证据，但价值观影响行为的确切过程仍未得到解决（Rohan, 2000）。研究还报告了一般价值观—态度—行为的等级变化。例如，一些研究发现，态度调节部分价值观，而不是完全（Hauser et al., 2013）。

政策文件和学术研究（Reisch et al., 2013）均指出，消费者的基本价值观倾向经常被认为是不可持续生活方式的根源。相关研究也充分记录了绿色或可持续的消费者选择植根于基本价值观倾向（De Groot and Steg, 2009; Thøgersen and Ölander, 2002, 2006）。Steg（2015）根据对已发表证据的回顾得出结论，当消费者强烈认可 Schwartz（1992, 1994）所提出的自我超越价值观时，他们更有可能参与可持续消费，而强大的自我增强型价值观则使人们不太可能做出可持续选择。

各种研究表明，环境因素或对动物福利的关注是有机食品消费的重要动机（Davies, Titterington and Cochrane, 1995；Harper and Makatouni, 2002；Hughner et al., 2007；Lea and Worsley, 2005；Torjusen et al., 2001）。然而，Magnusson 等（2003）得出，利己动机对有机食品消费的影响比利他动机更重要。大量研究检验了健康动机对有机食品消费的影响（Baker et al., 2004；De Magistris and Gracia, 2008；Hughner et al., 2007；Lea and Worsley, 2005；Padel and Foster, 2005）。

Magnusson 等（2003）设计了一份调查问卷，涉及对有机食品的态度和行为、环境友好行为（EFB）以及针对人类健康、环境和动物福利的有机食品选择结果。从 1998 年至 2000 年，它被随机邮寄到瑞典国内 2000 个公民手中，年龄在 18~65 岁之间，获得了 1154 人（总人数的 58%）回复。有机食品购买的自我报告与感知的人类健康收益强相关（Magnusson et al., 2003）。环境友好行为（例如，不开车）也可以很好地预测购买频率。结果表明，利己动机比利他动机更能预测有机食品的购买（Magnusson et al., 2003）。

消费者对食品与健康的关系问题也有浓厚兴趣（Wandel, 1994）。健康是许多消费者的重要购买标准和质量参数（Magnusson et al., 2001；Wandel and Bugge, 1997）。尽管没有明确的证据表明有机食品比传统食品更健康，但消费者认为标记为有机食品的食品比传统食品更健康（Magnusson et al., 2001）。对环境的关注是购买有机食品的另一个原因。因此，对健康和环境的关注是购买有机食品最常见的两个动机（Wandel and Bugge, 1997；Magnusson et al., 2003），其中，健康关注比对环境的关注更重要（Tregear et al., 1994；Wandel and Bugge, 1997）。Cicia 等（2009）的研究结果表明了有机产品及其潜在竞争对手的相对地位。由于健康一直是主要的购买动机，有机产品很可能受到来自其他能够反映出同样动机的竞争产品的影响（Cicia et al., 2009）。因此，消费者偏好的有机产品似乎接近低投入农产品，或新的零残留产品（Cicia et al., 2009）。

通过对现有文献的梳理，本书选用 Stern 等（1993）提出的利己价值观和利他价值观为理论基础，探讨价值观通过消费动机影响有机食品购买意愿的机制，而消费动机又分为健康关注和环境关注（Wandel and Bugge, 1997），因此本书将分析健康关注和环境关注在两种价值观与有机食品购买意愿关系中的中介作用。

本书构建的理论模型如图 4-1 所示。

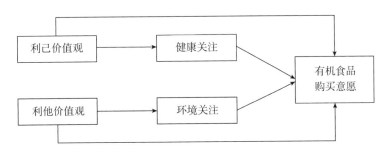

图 4-1 消费者价值观对有机食品购买意愿的影响机理模型

第二节 研究假设

Kareklas 等（2014）认为，与大多数其他购买不同的是，利己主义（即以自我为中心）的关注可能会推动决策，有机购买决策可能会扩展到个人关注之外（例如，社会关注和生态关注）（Kareklas et al., 2014）。与此相关的是，现有的研究表明，除了关注一个人的健康和福祉（Schifferstein and Ophuis, 1998；Zanoli and Naspetti, 2002），对环境的关注也可能会改变消费者对有机食品的态度（Kareklas et al., 2012；Squires et al., 2001；Wandel and Bugge, 1997）。具体来说，有机食品被认为是更环保的，对每个人都有好处（Wilkins and Hillers, 1994），因为与传统食品不同，有机食品的生产不使用有害的化肥、除草剂和杀虫剂。此外，最近的研究表明，购买天然肉类的决定可能受到个人健康利益和利他主义因素（如家畜的人道待遇）的推动（Umberger et al., 2009）。

消费者价值观通过购买动机影响其对有机食品的购买意愿。除了消费者价值观对有机食品购买意愿的直接影响外，购买有机食品还会受到消费动机的影响。如果产品的属性与个人的价值观相关，那么个体将受到一定程度的动机信息的诱导，这将会刺激该产品的购买。Wandel 和 Bugge（1997）提出，对一个人健康的关注和对环境的关注是购买有机食品的两个最常见的动机（Magnusson et al., 2003）。具体而言，如果消费者认为，与传统食品相比，有机食品更健康，并以环保方式生产（如文献所示），那么购买有机食品可能既满足了自我主义目标

（即希望更健康）又满足了利他目标（即改善环境的愿望）。同时，现存的研究表明，除了关注一个人的健康之外（Schifferstein and Ophuis, 1998；Zanoli and Naspetti, 2002），对环境的关注也可能推动消费者对有机食品的购买意愿（Squires et al., 2001；Wandel and Bugge, 1997；Ahmad and Juhdi, 2010；Kareklas et al., 2014）。

健康动机和环境动机的不同之处在于，健康关注可以被视为利己价值观的驱动，而对环境和动物福利的考虑更偏向于利他价值观的驱动。利他主义的考虑往往会带来个人行为甚至经济成本，大多数消费者不愿放弃很多个人利益，以便为社区利益作出贡献（Wandel and Bugge, 1997）。因此，可以假设消费动机是将消费者价值观与有机食品购买意愿之间的关系联系起来的中介。因此，本书提出如下假设：

H4-1：利己价值观通过健康关注影响有机食品购买意愿。

H4-2：利他价值观通过环境关注影响有机食品购买意愿。

第三节　研究设计与数据收集

一、测量量表与问卷设计

本书涉及的消费者价值观、健康关注、环境关注和购买意愿的测量均来自前人的成熟量表。消费者价值观借鉴 Steg 等开发的量表，该量表在中国情境下得到广泛的运用。购买动机借鉴 Yadav 选用的量表，分为健康关注和环境关注两个方面，该量表是在总结前人研究成果的基础上提取的。借鉴 Teng 和 Lu（2016）的研究中使用的量表，用来衡量有机食品的购买意愿。具体的测量题项如表4-1所示。

表4-1　测量题项

构念	题项
利己价值观	权力：领导或指挥的权力
	社会力量：控制或支配他人
	财富：物质财富、金钱
	影响力：对其他人和其他事有影响

续表

构念	题项
利他价值观	社会公平：纠正不公平，照顾弱者
	助人：为他人的福利而工作
	平等：人人都有平等的机会
	和平：没有战争和冲突
健康关注	我精心挑选食物以确保身体健康
	我认为我自己是一个有健康意识的消费者
	我经常想到与健康有关的问题
环境关注	自然界的平衡很脆弱，很容易被打乱
	人类正在严重地破坏环境
	为了生存，人类必须保持与自然的平衡
	人类对自然的干扰常常产生灾难性的后果
购买意愿	我很乐意购买有机食品
	我期望食用有机食品
	我将来会购买有机食品
	我未来会食用有机食品
	我打算在未来两周内购买有机食品

消费者价值观、购买动机及有机食品购买意愿均采用李克特五级量表，"1"代表"非常不同意"，"5"代表"非常同意"。人口统计变量包括性别、年龄、学历、月收入、职业、婚姻状况等，同时还测量了被调查者是否购买过有机食品。

问卷包括三个部分，首先是引导语，然后是问卷主体，主要是对利己价值观、利他价值观、环境关注、健康关注和有机食品购买意愿五个变量进行测量，最后是人口统计变量（问卷详见附录1）。

二、数据收集与样本

本书在哈尔滨市南岗区、道里区、道外区、香坊区和松北区发放问卷，通过拦截访问和入户调查的方式获取问卷数据，本书共回收问卷1096份，对所有问卷进行了筛选，剔除了无效问卷，剔除的标准有以下三点：①问卷所有题项给的

打分都一样，或有90%以上是一样的；②题项的打分出现了规律性，例如，1、
2、3、4、5，然后5、4、3、2、1；③缺失超过50%。剔除无效问卷100份，有
效问卷996份，有效问卷率达90.88%。样本分布如表4-2所示。

表4-2　样本分布

变量	频次	占比（%）	变量	频次	占比（%）
• 性别			• 月收入		
女	509	51.1	3000 元及以下	511	51.3
男	487	48.9	3001~5000 元	279	28.0
• 年龄			5001~7000 元	129	13.0
19 岁（含）以下	140	14.1	7001~9000 元	43	4.3
20~29 岁	428	43.0	9000 元以上	29	2.9
30~39 岁	189	19.0	缺失	5	0.5
40~49 岁	139	14.0	• 职业		
50~59 岁	61	6.1	学生	249	25.0
60 岁（含）以上	39	3.9	公务员	40	4.0
缺失	0	0	教师、医生、科研人员	82	8.2
• 学历			企业经营者	66	6.6
高中、中专及以下	247	24.8	公司职员	267	26.8
大专、本科	680	68.3	工人	120	12.0
研究生及以上	55	5.5	待业人员	16	1.6
缺失	14	1.4	职业主妇	19	1.9
• 婚姻状况			其他	133	13.4
已婚	371	37.2	缺失	4	0.4
未婚	577	57.9	• 购买经历		
离异	32	3.2	购买过	567	56.9
丧偶	14	1.4	未购买过	423	42.5
缺失	2	0.2	缺失	6	0.6

如表4-2所示，样本中，女性略高于男性，这符合日常购物者的性别分布。
年龄分布中，20~29岁的占比最高。学历中本科、大专的比例最高。职业分布
中，各类职业均有分布。有56.9%的被调查者购买过有机食品，42.5%的被调查

者未购买过有机食品。

第四节　数据分析

一、题项的描述性统计分析

本书首先对各题项的均值和标准差进行了分析（见表4-3），以判断是否有奇异值、录入错误等情况发生，并检验数据是否可以进行下一步分析。

表4-3　测量题项的描述性统计分析

序号	题项	均值	标准差
V1	权力：领导或指挥的权力	3.618	1.030
V2	社会力量：控制或支配他人	3.650	1.022
V3	财富：物质财富、金钱	3.898	0.924
V4	影响力：对其他人和其他事有影响	3.839	0.871
V5	社会公平：纠正不公平，照顾弱者	3.919	0.923
V6	助人：为他人的福利而工作	3.819	0.988
V7	平等：人人都有平等的机会	3.905	1.008
V8	和平：没有战争和冲突	4.006	0.964
H1	我精心挑选食物以确保身体健康	3.735	0.929
H2	我认为我自己是一个有健康意识的消费者	3.756	0.927
H3	我经常想到与健康有关的问题	3.820	0.970
EN1	自然界的平衡很脆弱，很容易被打乱	3.646	1.004
EN2	人类正在严重地破坏环境	3.725	0.960
EN3	为了生存，人类必须保持与自然的平衡	3.854	0.934
EN4	人类对自然的干扰常常产生灾难性的后果	3.865	0.906
PI1	我很乐意购买有机食品	3.512	0.990
PI2	我期望食用有机食品	3.582	0.974
PI3	我将来会购买有机食品	3.577	0.953
PI4	我未来会食用有机食品	3.584	0.920
PI5	我打算在未来两周内购买有机食品	3.437	1.028

如表4-3所示，各题项的均值在3附近变化，其中，"我打算在未来两周内购买有机食品"这一题项的均值最小，为3.437，"和平：没有战争和冲突"这一题项的均值最大，为4.006。标准差在1附近波动，其中，"影响力：对其他人和其他事有影响"的标准差最小，为0.871，"权力：领导或指挥的权力"的标准差最大，为1.030。各题项有较大的变异，可以进行后续的分析。

二、信度分析

信度检验应当是测量各题项之间的一致性，本书通过题项—总体相关系数和Cronbach's α来检验利己价值观、利他价值观、健康关注、环境关注和有机食品购买意愿等量表的信度（见表4-4）。

表4-4　价值观、有机食品购买动机和意愿的信度检验

构念/题项	题项—总体相关系数	Cronbach's α
❖利己价值观		
V1. 权力：领导或指挥的权力	0.620	
V2. 社会力量：控制或支配他人	0.630	0.767
V3. 财富：物质财富、金钱	0.567	
V4. 影响力：对其他人和其他事有影响	0.460	
❖利他价值观		
V5. 社会公平：纠正不公平，照顾弱者	0.443	
V6. 助人：为他人的福利而工作	0.567	0.720
V7. 平等：人人都有平等的机会	0.596	
V8. 和平：没有战争和冲突	0.432	
❖健康关注		
H1. 我精心挑选食物以确保身体健康	0.483	
H2. 我认为我自己是一个有健康意识的消费者	0.624	0.710
H3. 我经常想到与健康有关的问题	0.485	
❖环境关注		

构念/题项	题项—总体相关系数	Cronbach's α
En1. 自然界的平衡很脆弱，很容易被打乱	0.601	
En2. 人类正在严重地破坏环境	0.685	0.789
En3. 为了生存，人类必须保持与自然的平衡	0.593	
En4. 人类对自然的干扰常常产生灾难性的后果	0.515	
❖有机食品购买意愿		
PI1. 我很乐意购买有机食品	0.689	
PI2. 我期望食用有机食品	0.711	
PI3. 我将来会购买有机食品	0.688	0.839
PI4. 我未来会食用有机食品	0.651	
PI5. 我打算在未来两周内购买有机食品	0.485	

如表 4-4 所示，各构念对应题的题项—总体相关系数均大于 0.4，删除某个题项后，不能提升 Cronbach's α 值，利己价值观、利他价值观、健康关注、环境关注和购买意愿的信度系数 Cronbach's α 分别为 0.767、0.720、0.710、0.789 和 0.839，均高于 0.7，各量表信度检验得到数据支持。

三、效度分析

本书利用验证性因子分析对测量模型进行检验，以确定判别效度和聚合效度是否通过检验。测量模型的模型拟合度良好（$X^2 = 691.017$，$df = 157$，$X^2/df = 4.401$，$p<0.05$，GFI = 0.936，AGFI = 0.914，CFI = 0.923，IFI = 0.924，TLI = 0.907，NFI = 0.903，RMSEA = 0.058）。验证性因子分析结果如表 4-5 所示。

表 4-5 验证性因子分析结果

	标准化因子载荷	t 值	AVE	CR
利己价值观→V1	0.798	—		
利己价值观→V2	0.764	21.518	0.462	0.769
利己价值观→V3	0.613	17.846		
利己价值观→V4	0.503	14.592		

续表

	标准化因子载荷	t 值	AVE	CR
利他价值观→V5	0.585	—		
利他价值观→V6	0.694	14.598	0.403	0.727
利他价值观→V7	0.713	14.737		
利他价值观→V8	0.530	12.431		
环境关注→En1	0.784	—		
环境关注→En2	0.833	22.401	0.479	0.780
环境关注→En3	0.597	17.491		
环境关注→En4	0.502	14.579		
健康关注→H1	0.621	—		
健康关注→H2	0.817	14.470	0.473	0.725
健康关注→H3	0.605	14.327		
购买意愿→PI1	0.840	—		
购买意愿→PI2	0.887	29.666		
购买意愿→PI3	0.709	23.988	0.501	0.826
购买意愿→PI4	0.561	17.908		
购买意愿→PI5	0.440	13.691		

注：AVE=平均差异萃取量，CR=组合信度。下同。

如表4-5所示，验证性因子分析结果显示，除"我打算在未来两周内购买有机食品"的标准化因子载荷小于0.5之外，其他题项的标准化因子载荷均大于0.5。各构念的CR值均大于0.7，但是各构念的AVE值偏低，仅有购买意愿的AVE值大于0.5，其余构念的AVE值均小于0.5，但均大于0.4，聚合效度基本得到数据支持。

本书通过比较AVE的平方根和其与其他构念的相关系数来检验判别效度，相关系数矩阵如表4-6所示。

表4-6　判别效度检验结果

	利己价值观	利他价值观	健康关注	环境关注	购买意愿
利己价值观	**0.680**				
利他价值观	0.468	**0.635**			

续表

	利己价值观	利他价值观	健康关注	环境关注	购买意愿
健康关注	0.189	0.258	**0.688**		
环境关注	0.558	0.420	0.180	**0.692**	
购买意愿	0.353	0.242	0.364	0.345	**0.708**

注：对角线上的数值为 AVE 的平方根。

如表 4-6 所示，判别效度分析结果显示，消费者价值观、健康关注、环境关注和有机食品购买意愿 AVE 的平方根均大于自身与其他构念的相关系数，说明利己价值观、利他价值观、健康关注、环境关注和有机食品购买意愿等构念之间具有判别效度。

四、假设检验

利用 AMOS 软件，采用 Bootstrap 区间法对中介效应进行检验。设定 Bootstrap 抽样 5000 次，若 95% 置信水平下间接效应的置信区间不包含 0，则表示存在中介效应。间接效应的置信区间不包含 0，表明中介效应存在，同时若直接效应显著存在，表明中介变量起部分中介作用，如果直接效应不显著，表示中介变量起完全中介作用。结构方程模型拟合度良好（$X^2 = 595.762$，$df = 157$，$X^2/df = 3.795$，$p < 0.05$，GFI = 0.944，AGFI = 0.925，CFI = 0.937，IFI = 0.937，TLI = 0.924，NFI = 0.917，RMSEA = 0.053）。中介效应检验结果如表 4-7 所示。

表 4-7 中介效应检验结果

	路径	系数	区间下限	区间上限	显著性
总效应	EV→HC→PI	0.256	0.145	0.370	0.001
	AV→EC→PI	0.115	0.011	0.228	0.032
直接效应	EV→PI	0.197	0.088	0.306	0.002
	AV→PI	0.013	−0.107	0.129	0.858
间接效应	EV→HC→PI	0.059	0.030	0.096	0.001
	AV→EC→PI	0.102	0.054	0.172	0.000

注：EV=利己价值观；AV=利他价值观；HC=健康关注；EC=环境关注；PI=有机食品购买意愿。

表 4-7 显示，利己价值观和利他价值观对有机食品购买意愿的总效应均显著（$p<0.05$），表明整体模型可接受。利己价值观→健康关注→有机食品购买意愿这一路径的间接效应显著（$p<0.01$），直接效应也显著，因此，健康关注在利己价值观和有机食品购买意愿之间起部分中介作用，假设 H4-1 得到数据支持。利他价值观→环境关注→有机食品购买意愿这一路径的间接效应显著（$p<0.01$），直接效应不显著（$p>0.05$），环境关注在利他价值观和有机食品购买意愿之间起完全中介作用，假设 H4-2 得到数据支持。这一结果说明，利己价值观发挥作用，不需要其他变量的介入，而利他价值观发挥作用，则需要其他变量的作用。

五、对数据的进一步分析

全部样本既包含购买过有机食品的消费者，又包含未购买过有机食品的消费者，我们利用一个变量，回收了是否购买过有机食品这一变量的数据。单独分析每部分样本，对理论和实践可能更具指导意义，本部分将分别分析购买过和未购买过有机食品的样本数据。

购买过有机食品的样本数据共计 567 份。结构方程模型拟合度良好（$X^2 = 432.734$，$df = 157$，$X^2/df = 2.756$，$p<0.05$，GFI = 0.931，AGFI = 0.907，CFI = 0.925，IFI = 0.926，TLI = 0.909，NFI = 0.888，RMSEA = 0.056）。购买过有机食品的样本的中介效应结果如表 4-8 所示。

表 4-8　购买过有机食品的样本的中介效应检验结果

	路径	系数	区间下限	区间上限	显著性
总效应	EV→HC→PI	0.338	0.181	0.502	0.001
	AV→EC→PI	0.157	0.004	0.307	0.046
直接效应	EV→PI	0.275	0.116	0.431	0.002
	AV→PI	0.065	-0.108	0.225	0.448
间接效应	EV→HC→PI	0.064	0.024	0.120	0.001
	AV→EC→PI	0.092	0.025	0.167	0.007

未购买过有机食品的样本数据共计 423 份。结构方程模型拟合度良好（$X^2 = 415.935$，$df = 157$，$X^2/df = 2.649$，$p<0.05$，GFI = 0.910，AGFI = 0.880，CFI =

0.918，IFI＝0.918，TLI＝0.900，NFI＝0.875，RMSEA＝0.063）。未购买过有机食品的样本的中介效应结果如表4-9所示。

表4-9 未购买过有机食品的样本的中介效应检验结果

	路径	系数	区间下限	区间上限	显著性
总效应	EV→HC→PI	0.175	0.001	0.356	0.044
	AV→EC→PI	0.068	−0.109	0.249	0.399
直接效应	EV→PI	0.138	−0.036	0.314	0.138
	AV→PI	−0.034	−0.254	0.172	0.767
间接效应	EV→HC→PI	0.037	0.004	0.089	0.026
	AV→EC→PI	0.102	0.017	0.238	0.022

通过对表4-8、表4-9进行分析可以发现，购买过有机食品的被试和未购买过有机食品的被试的路径并不完全相同。主要表现在利己价值观→健康关注→有机食品购买意愿这一路径上，购买过有机食品的消费者，健康关注在利己价值观和有机食品购买意愿之间起部分中介作用，而未购买过有机食品的消费者，健康关注在利己价值观和有机食品购买意愿之间起完全中介作用。这一结论对有机食品企业营销具有重要意义，如果想挖掘未购买过有机食品的消费者，必须以健康意识入手，唤起他们的利己价值观，对于已经购买过有机食品的消费者，利己价值观和健康关注同时发挥作用，可以从这两方面入手来进行宣传。

食品购买主要是家庭购买，主要是家庭中的女主人来担任这一角色，接下来，我们将分析男性和女性之间的差异。

男性消费者样本数据共计487份。结构方程模型拟合度良好（$\chi^2＝455.677$，$df＝157$，$\chi^2/df＝2.902$，$p<0.05$，GFI＝0.916，AGFI＝0.888，CFI＝0.913，IFI＝0.914，TLI＝0.895，NFI＝0.874，RMSEA＝0.063）。男性样本的中介效应结果如表4-10所示。

表4-10 男性样本的中介效应检验结果

	路径	系数	区间下限	区间上限	显著性
总效应	EV→HC→PI	0.125	−0.048	0.301	0.143
	AV→EC→PI	0.167	−0.003	0.347	0.056

续表

	路径	系数	区间下限	区间上限	显著性
直接效应	EV→PI	0.055	−0.122	0.232	0.493
	AV→PI	0.034	−0.184	0.239	0.766
间接效应	EV→HC→PI	0.070	0.030	0.133	0.000
	AV→EC→PI	0.133	0.028	0.280	0.016

女性消费者样本数据共计 509 份。结构方程模型拟合度良好（$X^2 = 372.744$，$df = 157$，$X^2/df = 2.374$，$p < 0.05$，GFI = 0.932，AGFI = 0.909，CFI = 0.940，IFI = 0.940，TLI = 0.927，NFI = 0.901，RMSEA = 0.052）。女性样本的中介效应结果如表 4-11 所示。

表 4-11 女性样本的中介效应检验结果

	路径	系数	区间下限	区间上限	显著性
总效应	EV→HC→PI	0.345	0.181	0.506	0.000
	AV→EC→PI	0.090	−0.064	0.248	0.231
直接效应	EV→PI	0.299	0.135	0.456	0.001
	AV→PI	0.001	−0.170	0.166	0.969
间接效应	EV→HC→PI	0.046	0.011	0.104	0.010
	AV→EC→PI	0.088	0.033	0.174	0.001

通过对表 4-10、表 4-11 进行分析可以发现，男性样本和女性样本的路径并不完全一样。主要表现在利己价值观→健康关注→有机食品购买意愿这一路径上，对女性消费者而言，健康关注在利己价值观和有机食品购买意愿之间起部分中介作用，而男性消费者，健康关注在利己价值观和有机食品购买意愿之间起完全中介作用。这一结论表明，健康关注的作用在男性消费者样本上表现得更明显。无论是男性样本，还是女性样本，利他价值观→环境关注→有机食品购买意愿这一路径的表现是相同的，即环境关注起完全中介作用，这说明利他价值观要发挥作用，需要其他变量的介入。利他价值观不能直接发挥作用，有机食品企业要想调动起消费者利他价值观的作用，可以设计环境相关的元素，刺激利他价值观发挥作用，进而提高有机食品的销售量。

第五节 结论与讨论

本章建立了消费者价值观对有机食品购买意愿的影响机理模型，通过分析价值观、健康关注和环境关注与有机食品购买意愿的关系，得出如下研究结论：

第一，价值观对有机食品购买意愿有显著正向影响，相比于利他价值观，消费者更倾向于依据利己价值观来指导有机食品购买行为。相比于环境关注，健康关注对有机食品购买意愿的影响作用更强，这一结论与现有大部分研究相一致（Magnusson，2003；Yadav，2016），表明健康动机越强，越可能购买有机食品。

第二，在消费者价值观对有机食品购买意愿的影响机理中，健康关注在利己价值观与有机食品购买意愿的关系中起到部分中介作用，环境关注在利他价值观与有机食品购买意愿的关系中起完全中介作用。这一结论说明，利己价值观驱动了健康关注，进而产生有机食品购买意愿，利他价值观驱动了环境关注，进而产生有机食品购买意愿。这一结论也说明，利己价值观发挥作用，不需要其他变量的介入，而利他价值观需要环境等变量的作用才能发挥其效用。

第三，购买过有机食品的消费者与未购买过有机食品的消费者的作用机理并不一致。主要表现在利己价值观→健康关注→有机食品购买意愿这一作用路径上，购买过有机食品的消费者，利己价值观会驱动健康关注的动机，使其购买有机食品，同时，利己价值观也会影响有机食品的购买。在利他价值观→环境关注→有机食品购买意愿这一路径上，购买过有机食品的消费者和未购买过有机食品的消费者，表现出一致的机理。

根据实证研究结果可以知道，有机食品营销人员应了解消费者的有机食品感知价值、需求和利益，以及由此而来的健康、环境方面的动机，以制定有针对性的营销策略。更具体地：①有机食品企业应该通过最新的科学证据强调有机食品与健康和环保相关的益处，但不能过分夸大有机食品的营养价值和保健效果，不同的有机食品的营养指标可能并不相同，营销推广时要针对产品类型制定营销策略。营养价值和保健效果将会激发消费者的利己价值观，并驱动消费者的健康消费意识，提高其购买有机食品的意愿。②当消费者对环境关注增加，越发趋向于亲环境行为时，对有机食品的消费增加。受利他价值观驱动而产生有机食品消费时，消费者更注重为集体目标做出贡献，更关注改善环境的目标，消费者认为，有机食品比传统食品更有助于环境保护，对有机食品购买意愿增加以期望能获得长远的收益。营销人员应该让消费者，特别是那些有环保意识的消费者明白，有机食品是以保护环境和尊重动物权利的方式生产和包装的（Lockie et al.，2002）。只有这样做，消费者才可以确信有机食品强烈遵守他们重视的环境和道德原则，因此他们可能会加强他们的有机购买行为，增强有机食品与消费者利他价值观的契合度。③消费者的利己价值观会引发健康关注的动机，进而刺激有机食品的购买意愿。自我主义的呼吁可能有助于年轻人选择有机食品，因为年轻消费者更关心他们的健康，因此他们更愿意选择健康饮食。因此生产企业在生产和推广有机产品的过程中，应尽可能多地融入"健康""亲环境行为""环保"等价值理念，使之与我国消费者内在的利己价值观产生共鸣，提高消费者"保护环境""健康生活"的消费意识，促使其购买有机食品。

由于本书只考虑了健康关注和环境关注作为影响有机消费的动机，未来的研究可能会考虑价值观作为影响因素对消费者购买意愿的影响，如利于生态、动物方面的动机和其他有关的价值观。未来的研究可能会探讨有机食品的认知因素对有机消费动机和购买意愿的影响，如对有机食品的认识程度。此外，本书样本局限于黑龙江省，未来的研究可以向全国范围内搜集数据，以增加外部效度。

第五章 有机食品感知属性对顾客融入的影响研究

调查显示，2013 年我国绿色食品销售额达 3600 亿元，近十年增长率为 17.3%，且预计 2025 年总收入将达到 4032.9 亿元（刘子飞，2016）。绿色有机食品获得消费者青睐的一个主要原因是绿色有机食品更自然，对身体更健康。国内外学者对有机食品的消费问题给予了大量关注。有研究指出，有机食品本身具有的属性是影响消费者购买有机食品的重要原因（Lee and Yun，2015；Lee and Hwang，2016；Prentice et al.，2019）。例如，Lee 和 Yun（2015）指出，自然成分、生态关注、感官吸引力和价格影响消费者的功利态度和享乐态度，进而影响消费者的购买意愿。Prentice 等（2019）采用计划行为理论提出，构成感知行为控制的相关属性（反映食品安全和环境问题的食品属性）对消费者的质量评估或购买意愿有显著影响。Lee 和 Hwang（2016）指出，食品安全和生态友好两个信任属性对有机食品的感知质量和感知价值有重要影响作用。在影响有机食品购买的因素中，感知属性作为食品最基本的主观影响因素，在很大程度上直接决定了消费者的购买决策。然而，对于涉及有机食品消费的一系列问题，以往的研究并没有系统地审查有哪些属性影响消费者对有机食品的看法和购买。

具体是哪些属性能够带来更高的顾客融入？有机食品感知属性对顾客融入的影响机理是什么？现有文献并没有提供清晰完整的说明，这正是本章重点关注的问题。

第一节　相关理论

一、有机食品感知属性

随着社会的进步，人民生活水平的提高，越来越多的消费者关心他们吃什么。当消费者购买有机食品时，与健康相关的食品属性就变得和非健康相关的属性同样重要，如营养成分和感官吸引力等（Leeand Yun，2015）。消费者对有机食品日益增长的需求也可能归因于环保意识（Chen et al.，2015）。据 Simmons 市场调查局对全国消费者的调查显示，有超过 1/3 的消费者愿意为环境或道德产品支付比传统产品更多的钱（Lee and Yun，2015）。食品安全和动物福利，也在消费者的购买理由中占据一席之地（Louis et al.，2016）。

根据消费者在购买前、购买后、使用中等阶段产品性能评估的准确程度可以对产品属性进行分类。Torjusen 等（2001）发现了两种与有机食品消费相关的食品质量属性：观察特性和反射特性。观察特性是那些直接可以观察到的产品性状，如外观和新鲜度等。反射特性取决于直接经验，是那些不易察觉的产品特征，包括与健康、营养、质量、环境友好生产和动物福利有关的食品质量属性。

综合以上观点，本章依据 Lee 和 Yun（2015）的研究，将有机食品感知属性划分为营养成分、自然成分、生态关注、感官吸引力和感知价格，探索这五种感知属性对顾客融入的影响机理。

二、感知质量

消费者在购物时通常根据可用的信息间接评估产品。Cox（1967）的线索利用理论指出，作为质量指标的产品的信息通常被称为线索。消费者通过选择一个或多个线索作为评估产品质量的基础，作为他们的信息不确定性和信息缺乏的补偿。特别是当消费者高度参与产品时，他们往往会搜索与产品的显著属性相关的信息，从而形成对产品的质量感知。质量感知是通过评估关键产品属性而发展起来的，对产品选择决策至关重要（Lee and Hwang，2016）。

综合以上观点，本章把有机食品感知质量解释为消费者在主观分析后对有机食品的各个感知属性是否满意的判断。有机食品感知质量作为消费者购买商品时的重要决策因素，在过去的研究中，有机食品的哪种属性会带来消费者感知质量的变化进而影响消费者的购买决策这一问题没有得到确认，这是本章重点关注的问题。

三、顾客融入

顾客融入（customer engagement）已经引起了大量的学者和实践者的注意。近年来，大量学者将各种跨学科的概念整合到顾客融入中来。一些学者将其称为顾客—品牌融入（Customer-brand Engagement，CBE），有的学者将其视为一个流程，还有学者将其视为一种行为。一些学者仅将重心聚焦在线上或媒体方向，而其他学者则宽泛地认为融入是个体与品牌、产品或活动的互动与连接。

科特勒在《营销管理（第15版）》一书中将"融入"定义为消费者在传播过程中注意力集中与主动被吸引的程度。它比印象反映有更多的回应，更有可能为公司创造价值。融入可以延伸到个人体验，增加或改变公司产品和服务。

Vivek等（2014）对顾客融入进行了维度划分，并开发了顾客融入测表。顾客融入分为三个维度：有意注意（conscious attention）、积极参与（enthuased participation）和社会联结（social connection）。有意注意是指个体在与他们融入的焦点互动中所拥有或希望拥有的兴趣程度。积极参与是指个体对使用或者与他们融入的焦点互动的热情反应。社会联结是指基于他人与融入焦点结合在一起来加强互动，表明他人在场的情况下采取相互或互惠的行动。本书将采用Vicek（2014）的维度进行实证研究。

第二节 研究模型与假设

一、研究模型

本书在回顾有机食品、感知质量、顾客融入等相关文献的基础上，提出本书的相关模型。本书将有机食品感知属性划分为五个维度，分别是营养成分、自然成分、生态关注、感官吸引力和感知价格，并建立有机食品感知属性、感知质量和顾客融入的关系模型。本书的研究模型如图5-1所示：

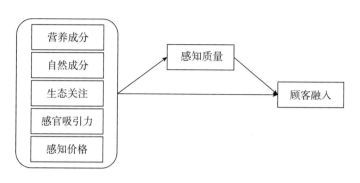

图 5-1 研究模型

二、研究假设

产品感知质量往往是消费者评判是否购买的主要依据，在往期研究中，消费者购买有机食品的主要依据是健康。虽然有机食品是否比传统食品更营养仍有争议，但研究发现消费者愿意相信有机食品是更有营养的（Lee and Yun，2015）。所以，我们有理由相信，有机食品的营养成分会对消费者对有机食品的感知质量有促进作用。因此，我们做出如下假设：

H5-1a：营养成分对感知质量有正向影响作用。

H5-2a：营养成分对顾客融入有正向影响作用。

有机食品被认为是生长在自然环境中的，这促使消费者对有机食品的感知更加安全（Janssen and Hamm，2012）。也就是说，自然成分能够提高消费者对有机食品的感知质量。因此，我们有理由做出如下假设：

H5-1b：自然成分对感知质量有正向影响作用。

H5-2b：自然成分对顾客融入有正向影响作用。

与生态关注相关的产品属性（即保护环境和保护动物）也会促使更多的消费者选择有机食品。有机食品被认为比传统食品更环保（Klöckner and Ohms，2009），并且对动物更有益。生态关注似乎成为产品质量或食品安全的属性（Lee and Hwang，2016）。对生态的关注促使消费者的良好态度。我们有理由认为，生态关注会对消费者对有机食品的感知质量有促进作用。因此，我们做出如下假设：

H5-1c：生态关注对感知质量有正向影响作用。

H5-2c：生态关注对顾客融入有正向影响作用。

食物的感官效果与食物的外观、气味和味道有关。当人们选择食物时，感官吸引力是消费者是否选择该食物考虑的最重要的因素之一。味觉和感官特征是消费者购买有机食品的一个积极的动机（Magnusson et al., 2003）。我们有理由认为，感官吸引力会对消费者对有机食品的感知质量起到促进作用。因此，我们做出如下假设：

H5-1d：感官吸引力对感知质量有正向影响作用。

H5-2d：感官吸引力对顾客融入有正向影响作用。

根据传统的经济理论，价格被视为是需要进行购买的货币付出。因此，更高的价格会增加经济成本。价格作为衡量产品质量好坏的标准是比较普遍的看法，消费者购买有机食品也许是由于他们相信有机食品是昂贵的（Padel and Foster, 2005）。因此，高价格促使消费者认为有机食品的质量更好。因此，我们做出如下假设：

H5-1e：感知价格对感知质量有正向影响作用。

H5-2e：感知价格对顾客融入有负向影响作用。

根据 Zeithaml 的理论，感知质量被定义为消费者对产品整体质量的判断。质量会连续不断地影响消费者的购买意愿（Lee and Yun, 2015）。这是一个很简单的关系，如果消费者感知到产品的质量是好的，他们自然愿意参与其中，对产品表现出热情、积极性并愿意与朋友分享。根据前文综述部分的结论，顾客融入即是顾客参与。所以，我们有理由认为，消费者对有机食品的感知质量会对顾客融入产生积极的影响。因此，我们做出如下假设：

H5-3：感知质量对顾客融入有正向影响作用。

第三节　研究设计

一、测量量表问卷设计

本章研究模型中涉及的变量包含有机食品感知属性、感知质量和顾客融入。各变量的测量均来源于现有文献中的成熟量表。有机食品感知属性来源于 Lee 和 Yun（2015）的研究，感知质量的量表来源于 Lee 和 Hwang（2016）的研究，顾客融入来源于 Vivek 等（2014）的研究。

问卷的第一部分是调查问卷的相关说明，主要说明问卷调查的学术用途，以打消被访者害怕信息泄露的担忧。问卷的第二部分是问卷的主体，对各构念的数据进行收集，主要采用李克特五级量表的形式，其中，"1"代表非常不同意；"2"代表比较不同意；"3"代表说不清；"4"代表比较同意；"5"代表非常同意。受访者根据自己购买有机食品过程中的实际认知进行填答。问卷的第三部分是人口统计信息，主要包括性别、年龄、学历、月收入等。

二、问卷回收与样本分析

本章问卷主体部分共有 29 个测量题项，总体来看，问卷填答难度不大，本书在"问卷星"上收集数据，采用"滚雪球"的方式将问卷链接或二维码传送给被试，让其填答。共回收 316 份问卷，除去不符合要求的 23 份问卷，最终得到有效问卷 293 份。

本书针对性别、年龄、学历、月收入等人口统计变量进行了描述性统计分析，具体分析结果如表 5-1 所示。

表 5-1　样本分析

变量	项　　目
性别	男性（31.4%）；女性（68.6%）
年龄	18 岁以下（1.7%）；18~25 岁（19.4%）；26~35 岁（25.7%）；36~50 岁（48.1%）；50 岁以上（5.1%）
学历	高中以下（15.4%）；高中或中专（10.6%）；大专或本科（68.3%）；研究生及以上（5.8%）
月收入	3000 元及以下（30.4%）；3001~5000 元（42.9%）；5001~8000 元（20.6%）；8000 元以上（6.1%）

如表 5-1 所示，样本中，女性比例高于男性比例，年轻群体大于老年群体，大专或本科所占比例偏高。这与现实中年轻、受教育程度高的这类群体偏爱有机食品相符。

第四节　数据分析

一、题项和变量的描述性统计分析

本书首先对各题项的均值和标准差进行了分析，以判断是否有奇异值、录入错误等情况发生，并检验数据是否可以进行下一步的分析（见表5-2）。

表5-2　题项的描述性统计分析

序号	题项	均值	标准差
Y1	有机食品包含许多维生素和矿物质	3.76	1.018
Y2	有机食品使我保持健康	4.12	0.928
Y3	有机食品是营养的	4.06	0.884
Y4	有机食品是高蛋白的	3.14	0.970
Z1	有机食品不含添加剂	3.75	1.118
Z2	有机食品包含天然原料	3.71	1.083
Z3	有机食品不含人工配料	3.23	1.204
S1	某种程度上，有机食品的生产并没有破坏大自然的平衡	3.78	0.952
S2	有机食品以一种保护生态环境的方式包装	3.33	1.012
S3	有机食品的生产过程中动物没有感觉到痛苦	3.43	1.047
S4	有机食品的生产过程中动物的权利得到了尊重	3.61	1.000
G1	有机食品外观吸引人	3.26	0.904
G2	有机食品口感好	3.42	0.946
G3	有机食品吃起来很美味	3.35	0.952
J1	有机食品是昂贵的	3.58	1.085
J2	有机食品的价格很高	3.62	1.051
Q1	有机食品的质量可能极高	3.45	0.937
Q2	有机食品的质量一定很好	3.14	0.964
Q3	有机食品是高质量的	3.44	0.872
EN1	我在有机食品上花费大量的时间和金钱	2.87	0.936
EN2	我对有机食品很感兴趣	3.52	0.931

续表

序号	题项	均值	标准差
EN3	我很喜欢有机食品	3.69	0.941
EN4	没有有机食品，我的生活会不一样	3.16	1.057
EN5	任何与有机食品有关的事情都会引起我的关注	3.13	0.909
EN6	我想更多地了解有机食品	3.54	0.923
EN7	我非常关注有关有机食品的一切	3.26	0.943
EN8	我喜爱与朋友一起享用有机食品	3.51	0.882
EN9	当我与他人一起时，我更加酷爱有机食品	3.38	0.938
EN10	当周围人也选用有机食品的时候，我对有机食品更加充满乐趣	3.56	0.944

如表 5-2 所示，大部分题项的均值在 3 附近波动，"有机食品使我保持健康"和"有机食品是营养的"两个题项的均值都大于 4，这说明被试对有机食品的营养成分的认知度非常高，他们认为有机食品更有营养，虽然现有大部分研究表明，有机食品的营养成分并没有得到论证，但是消费者还是认为有机食品更有营养。各题项的标准差在 0.872~1.118 之间变化，各题项的数值有一定的变化幅度，有较充足的信息量。

对各变量的题项求均值，代表各构念的均值。本书对各变量的均值的标准值和标准差进行了分析，分析结果如图 5-2 所示。

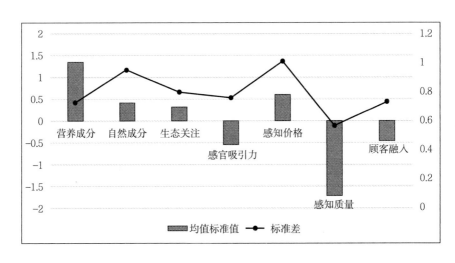

图 5-2　各变量的均值标准值和标准差

从图 5-2 中可以看出，营养成分的均值最大，感知质量的均值最小，均值范围在 3.08~3.77 之间变化，均值标准值的范围在 -1.72~1.37 之间变化。各变量有一定的变异，可以用于后续分析。

二、信度和效度分析

首先，本书对各构念的信度进行分析。信度表明题项之间的内部一致性程度，内部一致性程度越高，信度越高。本书通过计算各构念的题项—总体相关系数和 Cronbach's α 系数来检验各构念的信度（见表 5-3）。

表 5-3　信度分析结果

序号	题项	题项—总体相关系数	Cronbach's α
Y1	有机食品包含许多维生素和矿物质	0.614	
Y2	有机食品使我保持健康	0.628	0.761
Y3	有机食品是营养的	0.653	
Y4	有机食品是高蛋白的	0.368	
Z1	有机食品不含添加剂	0.643	
Z2	有机食品包含天然原料	0.638	0.787
Z3	有机食品不含人工配料	0.603	
D1	某种程度上，有机食品的生产并没有破坏大自然的平衡	0.588	
D2	有机食品以一种保护生态环境的方式包装	0.632	0.807
D3	有机食品的生产过程中动物没有感觉到痛苦	0.673	
D4	有机食品的生产过程中动物的权利得到了尊重	0.602	
G1	有机食品外观吸引人	0.384	
G2	有机食品口感好	0.661	0.750
G3	有机食品吃起来很美味	0.717	
P1	有机食品是昂贵的	0.791	0.883
P2	有机食品的价格很高	0.791	
Q1	有机食品的质量可能极高	0.561	
Q2	有机食品的质量一定很好	0.671	0.793
Q3	有机食品是高质量的	0.679	

续表

序号	题项	题项—总体相关系数	Cronbach's α
I1	我在有机食品上花费大量的时间和金钱	0.504	
I2	我对有机食品很感兴趣	0.748	
I3	我很喜欢有机食品	0.749	
I4	没有有机食品，我的生活会不一样	0.607	
I5	任何与有机食品有关的事情都会引起我的关注	0.728	0.925
I6	我想更多地了解有机食品	0.776	
I7	我非常关注有关有机食品的一切	0.809	
I8	我喜爱与朋友一起享用有机食品	0.774	
I9	当我与他人一起时，我更加酷爱有机食品	0.778	
I10	当周围人也选用有机食品的时候，我对有机食品更加充满乐趣	0.676	

各题项的题项—总体相关系数大于 0.4 被认为是较好的。如表 5-3 所示，除"有机食品是高蛋白的"和"有机食品外观吸引人"两个题项的题项—总体相关系数略低于 0.4 以外，其他构念所对应的题项的题项—总体相关系数均大于 0.4。各构念的 Cronbach's α 均大于 0.7，各构念的信度得到检验。

其次，本书采用 AMOS 软件，利用验证性因子分析对测量模型进行检验，测量模型的拟合度基本达到要求（$\chi^2 = 653.849$；$\chi^2/df = 1.852$；GFI $= 0.867$；AGFI $= 0.836$；CFI $= 0.934$；RMSEA $= 0.054$），结果如表 5-4 所示。

表 5-4　测量模型检验结果

构念/题项	系数	t 值
◇ 营养成分 AVE：0.479；CR：0.779		
Y1. 有机食品包含许多维生素和矿物质	0.694	6.724 ***
Y2. 有机食品使我保持健康	0.792	7.007 ***
Y3. 有机食品是营养的	0.784	6.990 ***
Y4. 有机食品是高蛋白的	0.439	—
◇ 自然成分 AVE：0.555；CR：0.789		
Z1. 有机食品不含添加剂	0.752	11.262 ***
Z2. 有机食品包含天然原料	0.762	11.385 ***

续表

构念/题项	系数	t 值
Z3. 有机食品不含人工配料	0.721	—
◇ 生态关注 AVE：0.514；CR：0.808		
D1. 某种程度上，有机食品的生产并没有破坏大自然的平衡	0.702	10.281***
D2. 有机食品以一种保护生态环境的方式包装	0.704	10.315***
D3. 有机食品的生产过程中动物没有感觉到痛苦	0.773	11.089***
D4. 有机食品的生产过程中动物的权利得到了尊重	0.684	—
◇ 感官吸引力 AVE：0.572；CR：0.787		
G1. 有机食品外观吸引人	0.431	7.320***
G2. 有机食品口感好	0.835	15.287***
G3. 有机食品吃起来很美味	0.913	—
◇ 感知价格 AVE：0.795；CR：0.886		
P1. 有机食品是昂贵的	0.936	7.416***
P2. 有机食品的价格很高	0.845	—
◇ 感知质量 AVE：0.575；CR：0.800		
Q1. 有机食品的质量可能极高	0.639	10.749***
Q2. 有机食品的质量一定很好	0.811	13.732***
Q3. 有机食品是高质量的	0.811	—
◇ 顾客融入 AVE：0.557；CR：0.925		
I1. 我在有机食品上花费大量的时间和金钱	0.527	8.750***
I2. 我对有机食品很感兴趣	0.745	12.424***
I3. 我很喜欢有机食品	0.716	11.909***
I4. 没有有机食品，我的生活会不一样	0.616	10.237***
I5. 任何与有机食品有关的事情都会引起我的关注	0.755	12.596***
I6. 我想更多地了解有机食品	0.817	13.640***
I7. 我非常关注有关有机食品的一切	0.862	14.401***
I8. 我喜爱与朋友一起享用有机食品	0.818	13.663***
I9. 当我与他人一起时，我更加酷爱有机食品	0.828	13.827***
I10. 当周围人也选用有机食品的时候，我对有机食品更加充满乐趣	0.717	—

注：*** 表示在 0.001 的水平上显著。

如表 5-4 所示，大部分题项的标准化因子载荷均大于 0.5，除"营养成分"的 AVE 值略低外，其他构念的 AVE 值均大于 0.5，所有构念的 CR 值和

Cronbach's α 均大于 0.7（见表 5-3、表 5-4），聚敛效度基本得到数据支持。

本书通过比较 AVE 的平方根与该构念和其他构念的相关系数来检验判别效度是否得到数据支持，结果如表 5-5 所示。

表 5-5　判别效度检验结果

	营养成分	自然成分	生态关注	感官吸引力	感知价格	感知质量	顾客融入
营养成分	**0.692**						
自然成分	0.658	**0.744**					
生态关注	0.584	0.705	**0.717**				
感官吸引力	0.473	0.451	0.501	**0.756**			
感知价格	0.123	0.051	0.010	0.159	**0.891**		
感知质量	0.452	0.620	0.639	0.651	0.196	**0.758**	
顾客融入	0.354	0.484	0.452	0.463	-0.115	0.499	**0.746**

在表 5-5 中，对角线上的 AVE 的平方根均大于其与其他构念的相关系数，判别效度得到数据检验。

三、假设检验

本书以营养成分、自然成分、生态关注、感官吸引力和感知价值为自变量，以感知质量和顾客融入为因变量，进行回归分析，来检验假设 H5-1a、假设 H5-1b、假设 H5-1c、假设 H5-1d、假设 H5-1e 和假设 H5-2a、假设 H5-2b、假设 H5-2c、假设 H5-2d、假设 H5-2e。回归分析结果如表 5-6 所示。

表 5-6　假设 H5-1a、假设 H5-1b、假设 H5-1c、假设 H5-1d、假设 H5-1e 和假设 H5-2a、假设 H5-2b、假设 H5-2c、假设 H5-2d、假设 H5-2e 的检验结果

	感知质量		顾客融入	
	系数	t 值	系数	t 值
营养成分	0.000	-0.008	0.090	1.497
自然成分	0.262 ***	4.631	0.219 ***	3.506
生态关注	0.220 ***	3.889	0.136 *	2.164

续表

	感知质量		顾客融入	
	系数	t 值	系数	t 值
感官吸引力	0.331 ***	6.463	0.287 ***	5.062
感知价格	0.125 **	2.797	−0.183 ***	−3.697
R^2	0.452		0.329	
Adj R^2	0.442		0.317	
F	47.342 ***		28.111 ***	

注：* 表示在 0.05 的水平上显著；** 表示在 0.01 的水平上显著；*** 表示在 0.001 的水平上显著。

营养成分、自然成分、生态关注、感官吸引力和感知价格对感知质量和顾客融入影响的回归模型整体上显著，调整后的R^2较高，模型拟合良好。营养成分对感知质量的影响不显著，假设 H5-1a 未得到数据支持。自然成分、生态关注、感官吸引力和感知价格对感知质量均有正向影响作用，假设 H5-1b、假设 H5-1c、假设 H5-1d、假设 H5-1e 得到数据支持。营养成分对顾客融入的影响不显著，假设 H5-2a 未得到数据支持。自然成分、生态关注和感官吸引力对顾客融入有正向影响作用，假设 H5-2b、假设 H5-2c、假设 H5-2d 得到数据支持。感知价格对顾客融入有负向影响作用，假设 H5-2e 得到数据支持。感知质量对顾客融入的影响显著（$\beta = 0.445$；$t = 8.468$；$p < 0.0001$），假设 H5-3 获得数据支持。

第五节　结论与讨论

本书从有机食品的五个感知属性入手，探讨其对感知质量与顾客融入的影响。通过对消费者进行问卷调研以及对数据的分析得出如下结论：

第一，营养成分对感知质量和顾客融入的影响均没有得到数据支持。很多研究表明，消费者认为有机食品的营养含量高于普通食品，能带来健康，但是营养成分并不能带来高质量的推断以及更高的顾客融入。有机食品的种植和生产过程是无毒无污染的，这只能说明有机食品更天然、更健康，但是并不能说明其营养含量高，这说明更多的消费者能够正确地认知有机食品。企业进行营销宣传时，也不能过度地宣传有机食品的营养价值，这样做只能使消费者认为企业在进行不诚实的宣传。

第二，自然成分、感官吸引力、生态关注对感知质量和顾客融入均有显著的正向影响作用。自然成分对感知质量和顾客融入的影响最大，这说明消费者购买食品时首先会从外观进行判断，有机食品由于其生产方式的不同，导致外观会与普通食品存在差异。例如，有机鸡蛋的蛋黄颜色更深、更黄。有机食品的外观魅力是由于其自然的生产方式而形成的，企业可以通过感官吸引力来赢得更多顾客，但企业切不可弄虚作假，为了吸引更多的眼球，而对产品进行人工美化，例如，将蛋黄注入染色剂等。自然成分对感知质量和顾客融入的影响次之，这说明天然、无污染的成分能够引起消费者的注意，消费者能够据此进行质量推断，并产生融入行为。生态关注对感知质量和顾客融入的影响最低，生态关注是因有机食品的种植和生产而产生的外部效应。从感官吸引力、自然成分和生态关注对有机食品质量推断和顾客融入的影响可以看出，消费者选择有机食品遵从外观判断→核心属性→附加属性的路径。现有很多企业对产品的宣传更注意外观和核心属性，对附加属性的定位不高，对有机食品的宣传，可以从生态关注这些属性入手，起到推动有机食品购买的目的和作用。

第三，感知价格对感知质量有正向影响作用，对顾客融入有负向影响作用。消费者会通过价格来对有机食品进行质量推断，有机食品的价格远远高于普通食品，其中的原因就是种植方式和加工方式所产生的成本更高，高价格虽然能够带来高的质量认知，但是购买行为受预算约束，会产生感知利失。高价格一旦超过了其预算，就会阻碍其购买，也会降低其顾客融入。现有大部分有机食品企业的定价策略都是高价格，这种做法会让消费者认为有机食品的质量很高，但同时高价格也会隔离开大众消费者。实施差别定价是一个很好的策略，即对不同类型的有机食品采取不同的定价策略。

第四，有机食品的感知质量对顾客融入有正向影响作用。消费者在购买食品时，会对有机食品的各个感知属性进行分析与判断，然后对质量进行推断，质量存在于产品之中，但是质量需要消费者去判断，消费者和产品之间存在着信息不对称性，消费者的经验和知识会影响其质量判断。通过以上结论，我们知道消费者感知质量会直接影响到消费者对有机食品的感知质量的判断，并进一步正向作用于顾客对有机食品的融入，即感知质量越高，顾客融入趋势越显著。

本章研究的理论贡献主要在于，构建了有机食品感知属性、感知质量以及顾客融入的关系模型，并通过实证分析，进一步明确了影响有机食品感知质量的具体感知属性，在一定程度上对现有研究进行了补充。营销者应将有机食品的自然成分、生态关注、感官吸引力以及感知价格作为营销的关注重点。

本章研究的管理启示有如下几点：①在消费者购买食品的过程中，自然成分在某种程度上传递了有机食品的质量信息。然而，自然成分属于信任属性，大多数消费者并没有专业知识和能力直接衡量有机食品的自然成分。企业可以加强对自然成分的关注，进一步增强有机食品的感知质量，进而促进其顾客融入。②加大宣传力度，树立正确的绿色消费意识。有机食品的生产过程考虑了生态问题，可以将此作为卖点，引起环保主义者的关注，增强其顾客融入。③感官吸引力对消费者感知有机食品的质量有重要影响。营销者可以通过对有机食品的外观进行美化，促进消费者购买，但是不能使用不利于消费者价值的手段来提升感官吸引力。④价格也是影响消费者是否想要购买有机食品的因素之一，制定出合理的价格有助于提高消费者对有机食品的购买。价格的制定既要体现有机食品相对普通食品的优势，同时也要在消费者可以接受的范围之内。

本章的研究也存在以下几点不足：首先，本书只选取了自然成分、生态关注、营养成分、感知价格、感官吸引力五种有机食品属性作为研究对象，构建感知属性、感知质量以及顾客融入的关系模型。有机食品的属性有很多，尤其是其信任属性，因为信任属性是有机食品的关键属性，未来可以对有机食品的信任属性进行探究。其次，本书只讨论了感知质量对顾客融入的影响作用，还会有哪些其他因素会对顾客融入造成影响？对顾客融入的影响作用又是怎样？本书并未关注，未来可以研究影响有机食品顾客融入的其他因素。

第六章 有机食品信任属性对溢价支付意愿的影响研究

德国经济研究所公布的全球有机市场报告显示，2017 年中国有机食品的销售额达 85.1 亿欧元，比上一年增加 8%，是美国有机食品消费增长速度的近两倍[①]，中国正在悄然掀起一股有机食品消费的热潮。与传统食品相比，消费者认为有机食品的营养价值更高、食用更安全、更有利于生态环境（Magkos et al.，2006；Torjusen et al.，2001）。有机食品的这些属性很难通过体验产品来确定，只能通过有机食品的生产过程来推断，这使得有机食品通常被认为是信任品（credence goods）（Ford et al.，1988；Janssen and Hamm，2012）。信任品所具有的信任属性（credence attributes）在有机消费行为中起着重要的作用（Massey et al.，2018）。那些认识并高度重视有机食品信任属性的消费者将更愿意购买有机食品（Gracia et al.，2008）。

现有研究主要聚焦于有机食品信任属性对消费者购买意愿或支付意愿的影响作用（Napolitano，2010；Cagalj et al.，2016）。相比于普通食品，有机食品的生产成本高，其价格远远高于传统食品，这使得消费者的溢价支付意愿成了有机食品购买的前提。有机食品溢价支付意愿已经得到了一些学者的关注，例如，Cicia（2009）的研究表明，有部分消费者愿意为有机食品支付溢价。但是，现有文献并未完全揭示出有机食品信任属性对消费者溢价支付意愿的影响机理。信任属性可能会让消费者觉得产品的质量更高，能给其带来更高的价值，进而促进其溢价支付。基于以上研究缺口和想法，本书将引入感知质量和感知价值来探索有机食品信任属性（食品安全和生态友好）对溢价支付意愿的影响机理。本书研究的结果将为政府农业部门，有机食品生产商、零售商等提

[①] 德国发布全球有机市场报告：中国人爱上有机食品但"偏食"［N］. 环球时报，2019-02-26.

供策略支持。

第一节　相关理论基础

一、有机食品信任属性

信任属性是即使在购买或消费产品之后消费者也无法确定的属性（Ford et al., 1988），很多产品都具有信任属性。有机食品的信任属性使得有机食品明显区别于传统食品。现有文献总结出的有机食品信任属性包括健康益处、食品安全、营养价值、食品质量、伦理价值、环境效益、动物福利和生产实践等（Massey et al., 2018；Grunert, 2000）。那些认识并高度重视有机食品的信任属性的消费者将更愿意购买有机食品。正如 Napolitano 等（2010）所指出的那样，信任属性必须传达给消费者，因为它们既不能在购买之前也不能在购买之后得到确认。提供相关信息可能会提高消费者的意识和期望，并可能影响他们对具有信任属性的有机食品的支付意愿。相当多的研究已经证明了信任属性在预测消费者态度和购买意图方面的重要性（Wirth et al., 2012；Massey et al., 2018）。例如，Grunert 等（2000）指出，信任在食品营销中的作用很可能促使其在其他搜索和经验特征方面的重要性日益增加。依据 Zeithaml（1988）提出的线索利用理论，消费者可以利用有机食品的信任属性对有机食品进行质量评估，因为质量认知对于消费决策的形成起着决定性作用。综上，本书从有机食品的信任属性出发探究有机食品的溢价支付意愿具有重要的意义。

二、感知质量和感知价值

Zeithaml（1988）将感知质量描述为消费者对整体产品的主观判断，即消费者通过综合分析市场上经由各种途径获得的相关信息，结合在整个购买过程中对所购买产品的品牌、价格、质量、包装等的体验，对产品质量、可靠性、耐久性和过程指标的主观判断。在 Kyriakopoulos 和 Ophuis（1997）的研究中，感知质量存在于连续统一体上，消费者基于整体质量属性进行感知，这与 Steenkamp（1990）的质量感知过程一致，质量感知过程被认为是基于经验和信任质量属性的。这种整体质量的概念与Zeithaml（1988）的模型是一致的，信任属性作为产品的外在属性被提出是质量感知的前因要素。另外，似乎感知质量与溢价支付的关系的研究得到了中外学者的关注，刘国华等（2006）认为，产品品质的高低构成了消费者为其支付高溢价的重要前提与基础。Chanduhuri和Ligas（2009）提出，顾客感知质量对溢价支付意愿产生直接影响。

感知价值最早由Zeithaml（1988）提出，他认为，感知价值是消费者在权衡了成本与利益后对产品或服务做出的整体性评价。Zeithaml对感知价值的定义奠定了感知价值的研究基础。目前，在消费者行为方面，感知价值的相关研究主要是从感知价值对消费者行为的直接影响与间接影响两个角度出发，探索感知价值对消费者的购买意愿、态度、忠诚度及满意度等的影响（李宗伟，2017；Konuk，2018；Shu Yen Hsu，2018）。但是关于感知价值对溢价支付意愿的影响研究目前并不多见。吴泗宗和揭超（2011）通过对零售店顾客的回顾和支付意愿的研究，发现顾客感知的差异化会对溢价支付意愿有显著影响，Chanduhuri和Ligas（2009）支持这一观点，并提出溢价支付意愿是以顾客感知价值为前提的。感知价值是消费者的一种主观心理期望，在购买前会主观地对比付出的成本与可能会获得的利益，利益越大于成本意味着感知价值越高，购买意愿越高（Monroe，1989）。同时，产品的信任属性与价值感知的关系也得到了证实，Kantamneni（2002）通过调查分析指出，感知价值中的功能价值与产品的可信赖程度有关。本章基于感知价值研究有机食品信任属性与消费者的溢价支付意愿的关系。

三、溢价支付意愿

由于有机食品与传统食品相比更具健康环保优势，成本更高，价格也高于普通食品，因此购买有机食品的消费者一般是愿意为有机食品支付高价格的。为获得特定目标产品，愿意支付一定的高价格，被称为溢价支付意愿。现有研究中影响消费者对有机产品溢价支付意愿的因素包括婚姻、性别、收入、食品种类、消费者认知等（陈新建，2012；Laroche et al.，2001；Krystallis，2005）。已有研究证实，信任属性在消费者的评估价值中占有越来越重要的地位（Verbeke，2008）。研究者关注的问题开始转移到消费者究竟是否愿意为有机特有生产方式所带来的食品安全、环境保护和动物福利等属性支付额外的金额。Cicia（2009）证明了健康和环境属性是消费者愿意为有机产品支付高价的主要动机。Cagalj 等（2016）也提出，除了关于有机食品生产的信息之外，有机食品的信任属性也会影响支付意愿。具体表现为"环境"和"健康"使有机苹果的支付意愿平均分别增加了 15.9% 和 11.6%。但是有机食品的信任属性对溢价支付意愿的影响机理尚未有研究。基于以上理论分析，本书将溢价支付作为因变量，探究有机食品的信任属性基于感知价值和感知质量对消费者溢价支付的影响机制。

第二节　模型构建与假设提出

一、构建模型

基于 Zeithaml（1988）、Lee 和 Hwang（2016）的研究，本书调查了有机食品的信用属性如何影响消费者的质量和价值感知以及溢价支付意愿。本章主要关注有机食品的两个信任属性：食品安全和生态友好。选择这些属性是因为它们是促使消费者选择有机食品的重要因素。在这项研究中，食品安全属性与有机食品是否不含添加剂或化学成分有关，而环保属性则与有机食品是否以保护环境和动物福利的方式进行加工处理有关。健康和环境被证明是消费者愿意为有机产品支付高价的主要动机。如果传统番茄价格为 1 欧元/千克，坎帕尼亚消费者愿意支付平均 0.86 欧元/千克作为有机番茄的溢价（Cicia et al.，2009）。该溢价包括健康成分的价值（0.46 欧元/千克）和环境成分价值（0.40 欧元/千克）（Cicia et al.，2009）。为了更准确地了解消费者的有机食品购买行为，本书进一步研究了在轻度和重度有机食品消费者之间有机食品消费方面是否存在差异。图 6-1 给出了这个研究提出的模型。该模型描述了有机食品的两个信用属性（食品安全和生态友好）在影响消费者对质量和价值的感知以及进一步影响溢价支付意愿中的作用。

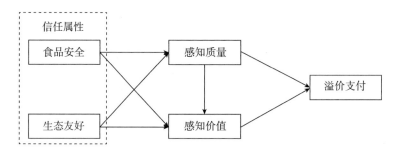

图 6-1　有机食品信任属性对溢价支付意愿的影响机理模型

二、假设提出

根据 Zeithaml（1988）的观点，感知质量被定义为"消费者对产品总体优越性的判断"，而感知价值被定义为"基于对所接受的和所给予的东西的看法，消费者对产品效用的总体评估"。Zeithaml 认为，价值是比质量更高层次的抽象概念，因为价值比质量更多地基于特质和个人倾向。此外，价值通常代表"给予"部分（牺牲）与"获得"部分（好处）之间的折中。质量是"获得"组件之一（Zeithaml，1988）。在 Zeithaml（1988）的模型中，对质量的感知是内部属性和外部属性的函数，包括品牌名称、价格、广告水平、声誉等。另外，模型认为，影响感知价值的"得到"部分可以包括内在属性和外在属性，以及感知质量和其他更高层次的抽象概念。

在以往的研究中，研究人员试图将食物属性看作有机食品的质量信号（Yiridoe et al.，2005）。在 Yiridoe 等（2005）的研究中，有机食品质量属性的一些例子包括食品安全属性、营养属性、价值属性、包装属性和生产过程属性。很可能消费者并没有开发有机食品所有的感知质量，而是对一些有机食品属性进行了评估。然而，在 Kyriakopoulos 和 Ophuis（1997）的研究中，总体质量认知被概念化为消费者感知的各种属性的组合。换句话说，消费者评估有机食品的属性，然后对有机食品的质量进行单独的总体评估。这个总体质量的概念与 Zeithaml（1988）的模型是一致的，其中，内在属性和外在属性被提出作为质量感知的前身，Steenkamp（1990）的质量感知过程假定质量感知基于经验和信任质量属性。

关于消费者对有机食品的看法，消费者认为，有机食品比传统食品更健康，因为他们认为有机食品是自然生产的，因此不含有害化学物质（Lea and Worsley，2005；Padel and Foster，2005）。尽管很少科学证据支持有机食品比传统食品含有较低的合成农药残留、硝酸盐含量或重金属（Magkos et al.，2006；Smith-Spangler et al.，2012），但消费者倾向于认为有机食物比传统食物更安全和更有营养（Magkos et al.，2006）。

此外，消费者将有机食品与环境和动物的利益联系起来（Lea and Worsley，2005；Makatouni，2002），这促使消费者购买有机食品（Lea and Worsley，2005；Makatouni，2002；Yiridoe et al.，2005）。Torjusen 等（2001）的研究表明，有机食品的消费者认为有机食品的可靠性方面，如自然性（使用尽可能少的食品添加剂和无有害物质）、环保生产和对于动物的幸福感等，比传统食物更重要。另外，消费者似乎并不认为有机食品和传统食品在口味、新鲜度和外观等非信用属性方面存在差异，这表明信任属性在消费者的有机食品消费中起着至关重要的作用。与上述研究相一致，我们认为，总体质量感知是基于消费者对有机食品属性的评价而形成的，我们认为有机食品的食品安全性和生态友好性这两个信用属性，是有机食品质量和价值的关键前提。因此，我们提出如下假设：

H6-1a：有机食品感知食品安全属性对感知质量有正向影响作用。

H6-1b：有机食品感知食品安全属性对感知价值有正向影响作用。

H6-2a：有机食品感知生态友好属性对感知质量有正向影响作用。

H6-2b：有机食品感知生态友好属性对感知价值有正向影响作用。

价值更多地关注消费者个人特性起到的作用，因此价值较质量具有更高的感知层面（Zeithaml，1988）。同时感知价值、感知质量与溢价支付意愿的关系已经得到了许多研究者的验证。Netemeyer（2004）发现，品牌个性、成本感知价值和感知质量是为品牌支付溢价意愿的潜在直接前因。施晓峰和吴小丁（2011）从商品组合的角度研究了感知价值与溢价支付意愿之间的关系，结果表明，溢价支付意愿不仅受商品价值影响，还受商品组合价值影响。Chaudhuri 和 Ligas（2009）指出，商品价值则要通过店铺感情和态度忠诚才会影响消费者的溢价支付意愿。消费者认为有机食品更安全、更环保，增强了对有机食品的感知，促使消费者为有机食品购买支付溢价。因此根据以上分析，我们提出如下假设：

H6-3：有机食品感知质量对感知价值有正向影响作用。

H6-4：有机食品感知质量对溢价支付意愿有正向影响作用。

H6-5：有机食品感知价值对溢价支付意愿有正向影响作用。

第三节　研究设计

一、问卷设计

本章测量量表主要来源于现有研究中所采用的成熟量表，部分题项针对本书中的研究进行了相应调整。食品安全的 3 个题项来源于 Steptoe 等（1995）的研究。生态友好的 4 个题项来源于 Lindeman 和 Väänänen（2000）的研究。感知质量的 3 个题项来源于 Yoo 等（2000）的研究。感知价值的 2 个题项来源于 Brady 和 Cronin（2001）的研究。溢价支付采用"相对来说愿意花更高的价钱购买有机食品"这一题项来测量。

问卷的第一部分是问卷的相关说明，问卷的第二部分是食品安全、生态友好、感知质量、感知价值和溢价支付等题项，问卷的第三部分是人口统计变量。初始问卷制作完成后，由相关领域的专家组成 3 人专家组，逐句推敲题项的准确性，然后再展示给被试，让被试填答，并让其指出哪些题项不明白，我们再进行修改，经过多次反复修改后，形成本书的最终问卷。

本书所采用的调查问卷题项测量方式是李克特五级量表，从 1 到 5 这五个等级表示受访者对调查题项感受的同意程度，同意程度从低到高逐级加深。其中，"1"代表非常不同意；"2"代表比较不同意；"3"代表说不清；"4"代表比较同意；"5"代表非常同意。

二、样本分析

本书通过问卷星发放问卷，共收集问卷 300 份，剔除全部选项都一样的样本及填答问卷时间过短的样本，有效样本共计 283 份。样本特征如表 6-1 所示。

表 6-1　样本分析

变量	取值	频次	比例（%）
性别	男	119	42.0
	女	164	58.0
年龄	18 岁以下	4	1.4
	18~25 岁	100	35.3
	26~35 岁	156	55.1
	36~50 岁	20	7.1
	50 岁以上	3	1.1
学历	高中以下	2	0.7
	高中或中专	45	15.9
	大专或本科	200	70.7
	研究生及以上	36	12.7
收入	3000 元及以下	86	30.4
	3001~5000 元	113	39.9
	5001~8000 元	76	26.9
	8000 元以上	8	2.8

　　样本分析结果显示，女性占 58%，男性占 42%，女性比例略高于男性。年龄主要集中在 26~35 岁，占 55.1%。大专或本科学历的比例最高，占 70.7%。个人月收入集中在 3001~5000 元。

第四节　数据分析

一、描述性统计分析

　　本书利用 SPSS 软件对各题项进行了描述性统计分析，主要包括均值和标准差（详见表 6-2）。

表 6-2　题项的描述性统计分析

序号	题项	均值	标准差
S1	有机食品不含添加剂	3.79	0.874
S2	有机食品不含人造成分	3.74	0.997
S3	有机食品含天然成分	4.16	0.794
E1	有机食品的生产过程不对环境造成危害	3.99	0.911
E2	有机食品生产不会造成自然的失衡	3.90	0.849
E3	有机食品以环保的方式进行包装	3.98	0.881
E4	有机食品的生产不会伤害到动物的生存	3.92	0.855
Q1	有机食品的质量可能是极高的	3.77	0.852
Q2	有机食品的质量一定非常好	3.65	0.856
Q3	有机食品的质量很高	3.79	0.802
V1	总的来说，有机食品的价值对我来说非常高	3.87	0.838
V2	有机食品满足我需求和欲望的整体能力非常高	3.75	0.775
P1	相对来说，我愿意花更高的价钱购买有机食品	3.78	0.799

　　各题项的均值在 3.65~4.16 之间变化，其中，"有机食品的质量一定非常好"的均值最小，"有机食品含天然成分"的均值最大。标准差在 0.775~0.997 之间变化，其中，"有机食品满足我需求和欲望的整体能力非常高"的标准差最小，"有机食品不含人造成分"的标准差最大。从均值和标准差来看，数据有一定的信息量，可以进行后续分析。

二、信度和效度分析

　　信度分析是指通过检验问卷调查结果的一致性、可重复性、稳定性来反映调查问卷题项的可信度。本书利用 Cronbach's α 来衡量各构念的信度。信度分析结果如表 6-3 所示。

表 6-3　信度分析结果

序号	题项	题项—总体相关系数	Cronbach's α
S1	有机食品不含添加剂	0.653	
S2	有机食品不含人造成分	0.654	0.757
S3	有机食品含天然成分	0.475	

续表

序号	题项	题项—总体相关系数	Cronbach's α
E1	有机食品的生产过程不对环境造成危害	0.665	
E2	有机食品生产不会造成自然的失衡	0.693	0.832
E3	有机食品以环保的方式进行包装	0.636	
E4	有机食品的生产不会伤害到动物的生存	0.646	
Q1	有机食品的质量可能是极高的	0.581	
Q2	有机食品的质量一定非常好	0.646	0.791
Q3	有机食品的质量很高	0.673	
V1	总的来说，有机食品的价值对我来说非常高	0.572	0.726
V2	有机食品满足我需求和欲望的整体能力非常高	0.572	

信度分析结果表明，食品安全、生态友好、感知质量和感知价值的 Cronbach's α 值均大于 0.7，且各题项的题项—总体相关系数均大于 0.4，删除某个题项后，不能提升该提项的 Cronbach's α 值，信度得到数据检验。

本书通过验证性因子分析对测量模型进行检验，模型拟合度如表 6-4 所示，模型拟合良好（CMIN = 90.433，DF = 48，$p = 0.000$，CMIN/DF = 1.884，GFI = 0.951，AGFI = 0.921，CFI = 0.974，RMSEA = 0.056，NFI = 0.946，IFI = 0.974，TLI = 0.964）。

表 6-4　验证性因子分析结果

序号	题项	t 值	标准化因子载荷	AVE	CR
S1	有机食品不含添加剂	—	0.783		
S2	有机食品不含人造成分	13.538***	0.816	0.535	0.771
S3	有机食品含天然成分	9.263***	0.570		
E1	有机食品的生产过程不对环境造成危害	—	0.770		
E2	有机食品生产不会造成自然的失衡	12.946***	0.781		
E3	有机食品以环保的方式进行包装	11.876***	0.720	0.554	0.832
E4	有机食品的生产不会伤害到动物的生存	11.582***	0.703		
Q1	有机食品的质量可能是极高的	—	0.675		
Q2	有机食品的质量一定非常好	10.857***	0.743	0.566	0.795
Q3	有机食品的质量很高	11.835***	0.831		

续表

序号	题项	t 值	标准化因子载荷	AVE	CR
V1	总的来说，有机食品的价值对我来说非常高	—	0.744	0.572	0.728
V2	有机食品满足我需求和欲望的整体能力非常高	11.865***	0.769		

注：*** 表示在 0.001 的水平上显著。

验证性因子分析结果表明，食品安全、生态友好、感知质量和感知价值四个构念的标准化因子载荷均大于 0.5，大部分超过了 0.7，四个构念的 AVE 值均大于 0.5，CR 值均大于 0.7，聚合效度得到数据检验。

三、假设检验

利用结构方程模型来检验假设，测量模型的拟合指标如表 6-5 所示，各项指标均达到了建议值水平，模型拟合度良好。

表 6-5　模型拟合结果

指标	CMIN	DF	p	CMIN/DF	GFI	AGFI	IFI	TLI	CFI	RMSEA
指标值	112.055	58	0.000	1.932	0.943	0.910	0.969	0.958	0.969	0.057

假设检验的结果如表 6-6 所示。

表 6-6　假设检验结果

假设	路径	系数	t 值	显著性	是否支持
H6-1a	食品安全→感知质量	0.938	4.540	***	支持
H6-1b	食品安全→感知价值	-0.269	-1.181	0.238	拒绝
H6-2a	生态友好→感知质量	0.187	1.376	0.169	拒绝
H6-2b	生态友好→感知价值	0.240	1.951	0.051	支持
H6-3	感知质量→感知价值	0.848	6.044	***	支持
H6-4	感知质量→溢价支付	0.006	0.018	0.986	拒绝
H6-5	感知价值→溢价支付	0.799	2.199	0.028	支持

注：*** 表示在 0.001 的水平上显著。

食品安全对感知质量的影响显著（$\beta=0.938$，$p<0.05$），假设 $H6\text{-}1a$ 得到数据支持。食品安全对感知价值的影响不显著（$\beta=-0.269$，$p>0.05$），假设 H6-1b 未得到数据支持。为了进一步揭示这一假设没有通过数据支持的原因，我们进一步分析了食品安全→感知质量→感知价值这一路径，采用 Bootstrap 区间法对中介效应进行检验，设定 Bootstrap 抽样 5000 次，食品安全对感知价值影响的间接效应显著（$\beta=0.796$，$p<0.05$），直接效应不显著（$\beta=-0.269$，$p>0.05$）（结果详见表 6-7），感知质量在食品安全和感知价值之间起完全中介作用，食品安全通过感知质量影响感知价值。

表 6-7　食品安全对感知价值的影响机理分析

	路径	系数	区间下限	区间上限	显著性
总效应	FS→PQ→PV	0.527	0.040	1.145	0.033
直接效应	FS→PV	−0.269	−1.020	0.254	0.307
间接效应	FS→PQ→PV	0.796	0.404	1.739	0.000

生态友好对感知质量的影响不显著（$\beta=0.187$，$p>0.05$），假设 H6-2a 未得到数据支持。生态友好一般指有机食品生产制造过程中不使用污染环境的化学药品，不会对自然界的动物和植物的生存造成威胁，或者包装是环保的，虽然在理论上生态友好的食品会使消费者感知到高质量，但是生态友好的属性不能直接体现在最终产品上，所以生态友好没有对感知质量产生正向影响作用。生态友好对感知价值的影响作用边缘显著（$\beta=0.240$，$p=0.051$），假设 H6-2b 得到数据支持。感知质量对感知价值的影响作用显著（$\beta=0.848$，$p<0.05$），假设 H6-3 得到数据支持。

感知质量对溢价支付的影响作用不显著（$\beta=0.006$，$p>0.05$），假设 H6-4 没有得到数据支持。为了进一步揭示这一假设没有得到数据支持的原因，我们进一步分析了感知质量→感知价值→溢价支付这一路径，以检验感知质量对溢价支付的影响是否存在中介变量。本书采用 Bootstrap 区间法对中介效应进行检验，设定 Bootstrap 抽样 5000 次，结果表明，感知质量对溢价支付的直接效应不显著（$\beta=0.006$，$p>0.05$），感知质量对溢价支付的间接效应不显著（$\beta=0.677$，$p>0.05$）（具体结果详见表 6-8）。

表6-8　感知质量对溢价支付的影响机理分析

	路径	系数	区间下限	区间上限	显著性
总效应	PQ→PV→PP	0.683	0.362	1.141	0.001
直接效应	PQ→PP	0.006	−4.820	2.053	0.997
间接效应	PQ→PV→PP	0.677	−1.127	6.787	0.115

　　感知质量对溢价支付的直接效应和间接效应均没有得到数据支持，另外一个可能的原因就是支付问题，即使感知到了高质量，由于收入问题，不能完成支付，也不会有溢价支付意愿。鉴于此，我们抽取月收入在 5001~8000 元的样本，分析感知质量对溢价支付的间接效应，采用 Bootstrap 区间法对中介效应进行检验，设定 Bootstrap 抽样 5000 次，模型拟合良好（$X^2 = 60.504$，$df = 58$，$X^2/df = 1.043$，$p = 0.386$，GFI = 0.892，AGFI = 0.830，RMSEA = 0.024）。感知质量对溢价支付的间接效应显著（$\beta = 1.481$，$p < 0.05$）（见表6-9），这说明在高收入群体中，感知质量通过感知价值影响消费者的有机食品溢价支付意愿。

表6-9　高收入群体感知质量对溢价支付的影响机理分析

	路径	系数	区间下限	区间上限	显著性
总效应	PQ→PV→PP	0.338	−0.406	2.272	0.278
直接效应	PQ→PP	−1.143	−13.729	−0.128	0.035
间接效应	PQ→PV→PP	1.481	0.320	11.824	0.010

　　感知价值对有机食品溢价支付意愿的影响显著（$\beta = 0.799$，$p < 0.05$），假设H6-5 得到数据支持。

第五节　本章小结

　　本章基于线索利用理论，以有机食品的信任属性（食品安全和生态友好）为线索，构建了食品安全、生态友好对溢价支付的影响作用机理模型，其中引入了有机食品感知质量和感知价值两个变量。本书利用结构方程模型对假设进行了检验，主要得出以下结论：

　　第一，食品安全直接影响有机食品感知质量，通过感知质量间接影响有机食品感知价值。食品安全作为有机食品的信任属性之一，内化于有机食品之中，是有机食品的重要组成部分，安全的食品一般会给消费者以高质量的感知。感知价值是产品的更深层感知，食品安全对有机食品感知价值影响作用未通过检验，但我们进一步分析了感知质量在食品安全和感知价值之间的中介作用，发现食品安全通过感知质量影响感知价值。

第二，生态友好直接影响有机食品感知价值，但对感知质量的影响不显著。生态友好一般指有机食品生产制造过程中不使用污染环境的化学药品，不会对自然界的动物和植物的生存造成威胁，或者包装是环保的，虽然在理论上生态友好的食品会使消费者感知到高质量，但是生态友好的属性不能直接体现在最终产品上，所以生态友好没有对感知质量产生正向影响作用。生态友好能够表明食品的安全属性，能够使消费者产生较高的感知价值。

第三，有机食品感知质量影响感知价值，感知价值影响有机食品溢价支付。较高的有机食品感知质量能够更好地满足消费者的需求和欲望，进而产生较高的有机食品感知价值。有机食品能够带来更高的感知价值，消费者一般会愿意支付更高的价格购买有机食品，目的是获得产品所能够带来的更高价值和更大利益。

第四，有机食品感知质量对溢价支付未产生影响作用。消费者感知到了较高的质量，并不一定愿意为该商品支付更高的溢价，一个可能的原因就是受到经济因素的限制。我们进一步分析了较高收入群体的样本，结果发现，收入较高群体的样本，感知质量通过感知价值影响溢价支付意愿。

本章研究的主要理论贡献是构建了有机食品信任属性对溢价支付的影响机理模型，并实证检验了影响有机食品溢价支付的因素，从而进一步丰富了有机食品消费的研究。

基于本书中研究得出的相关结论，对企业的管理有如下启示：①食品安全作为根植于产品内部的信任属性，能够直接或间接地影响有机食品感知质量和感知价值。企业在营销过程中，可以加入能够反映食品安全的要素，使消费者注意到这些要素，进而提高其感知质量和感知价值，最终获得更高的溢价支付。②生态友好能够直接带来更高的感知价值，生态友好主要是产品生产制造过程中产生的属性，例如，不施化肥，不使用化学杀虫剂和除草剂等，这些做法将会带来更高的生态关注。有机食品生产企业应该在生产过程中关注生态问题，然后将这些元素融入到营销过程中。企业也应切记，不要做虚假宣传，即在生产过程中没有做到关注环境，但是在宣传过程中故意贴上生态友好的标签。③较高收入群体样本中，有机食品感知质量通过感知价值对溢价支付产生影响作用，这说明，有机食品消费受到经济因素的影响，因此，有机食品的市场细分应该以高收入群体为主。

第七章 有机食品消费行为研究的结论与未来方向

第一节 本书结论与讨论

通过对有机食品消费行为的相关文献进行系统梳理，本书从消费者价值观和有机食品属性两方面入手，对有机食品消费问题进行了理论解释和实证检验。具体地，本书得到如下结论：

第一，构建了有机食品消费的整合分析框架。本书对影响有机食品消费的因素进行系统梳理，得出感官特征、价格、有机食品认证、食品安全、健康关注和营养成分、环境关注和生态友好、消费者价值观、社会意识和个人生活方式、文化传统、国家类型等变量是影响有机食品消费的关键变量。通过对这些变量进行整合，本书将这些因素归为三类：一是消费者方面的因素，包括消费者价值观、消费动机（健康关注和环境关注）、生活方式和社会意识等。二是有机食品属性方面的因素，按搜索属性、体验属性和信任属性分成三类，搜索属性包括价格、感官特征和有机食品认证，体验属性包括营养成分和感官特征；信任属性包括食品安全和生态友好。三是调节变量，包括国家类型和文化传统。该整合分析模型系统地展现了影响有机食品消费的因素，将为后续的实证研究提供理论基础。

第二，从消费者的价值观视角入手，构建了消费者价值观对有机食品购买意愿的影响机理模型，并进行实证检验。在消费者价值观对有机食品购买意愿的影响机理中，健康关注在利己价值观与有机食品购买意愿的关系中起到部分中介作用，环境关注在利他价值观与有机食品购买意愿的关系中起完全中介作用。这表明健康关注和环境关注的不同之处在于，对健康的关注可以被视为利己主义价值观（使个人或他/她的家庭受益）驱动下产生的，对环境的考虑更加无私，可以被视为利他主义价值观（有利于社会而不是个人）驱动下产生的。购买过有机食品的消费者与未购买过有机食品的消费者的作用机理并不一致。主要表现在利己价值观→健康关注→有机食品购买意愿这一作用路径上，购买过有机食品的消费者，利己价值观会驱动健康关注的动机，使其购买有机食品，同时，利己价值观也会影响有机食品的购买。在利他价值观→环境关注→有机食品购买意愿这一路径上，购买过有机食品的消费者和未购买过有机食品的消费者，表现出一致的机理。有机食品消费行为可以看作是亲环境行为，价值观的影响不能低估。

第三，从有机食品感知属性入手，构建了有机食品感知属性对顾客融入的影响机理模型，并进行实证检验，主要得出如下四点结论：①自然成分、感官吸引力、生态关注对感知质量和顾客融入均有显著的正向影响作用。自然成分与感官吸引力对顾客融入的影响更大，企业可通过改善有机食品的直观形象或产品包装来提升感官效果。②价格对感知质量表现出正向影响作用，对顾客融入则表现出负向影响作用，这与大部分研究结论相一致。另外，本书的数据分析结果表明，感知价格对顾客融入的负向影响更为显著。这不难理解，消费者在购买食品时会从价格来推断食品的质量，价格越高感知质量越好。③营养成分对感知质量和顾客融入的影响没有得到数据支持。这说明有机食品仅在公众意识里被认为更健康，然而并没有证据表明有机食品的营养含量比普通食品更高。因此，确保及时传递有机食品营养成分的相关信息，对消费者对有机食品的质量感知及顾客融入都有积极作用。④有机食品的感知质量对顾客融入表现出了显著作用，且为正向影响作用。消费者在购买食品时对有机食品的各个感知属性进行主观分析，会直接影响到消费者对有机食品的感知质量的判断，并进一步正向作用于消费者对有机食品的顾客融入。即感知质量越高，顾客融入趋势越显著。

第四，构建了有机食品信任属性对溢价支付意愿的影响机理模型，主要得出如下结论：①食品安全直接影响有机食品感知质量，通过感知质量间接影响有机食品感知价值。食品安全作为有机食品的信任属性之一，内化于有机食品之中，是有机食品的重要组成部分，安全的食品一般会给消费者以高质量的感知。感知价值是产品的更深层感知，食品安全对有机食品感知价值影响作用未通过检验，但我们进一步分析了感知质量在食品安全和感知价值之间的中介作用，发现食品安全通过感知质量影响感知价值。②生态友好直接影响有机食品感知价值，但对感知质量的影响不显著。生态友好一般指有机食品生产制造过程中不使用污染环境的化学药品，不会对自然界的动物和植物的生存造成威胁，或者包装是环保的，虽然在理论上生态友好的食品会使消费者感知到高质量，但是生态友好的属性不能直接体现在最终产品上，所以生态友好没有对感知质量产生正向影响作用。生态友好能够表明食品的安全属性，能够使消费者产生较高的感知价值。③有机食品感知质量影响感知价值，感知价值影响有机食品溢价支付。较高的有机食品感知质量能够更好地满足消费者的需求和欲望，进而产生较高的有机食品感知价值。有机食品能够带来更高的感知价值，消费者一般会愿意支付更高的价格购买有机食品，目的是获得产品所能够带来的更高价值和更大利益。④有机食品感知质量对溢价支付未产生影响作用。消费者感知到了较高的质量，并不一定愿意为该商品支付更高的溢价，一个可能的原因就是受到经济因素的限制。我们进一步分析了较高收入群体的样本，结果发现，收入较高群体的样本，感知质量通过感知价值影响溢价支付意愿。

第二节 理论贡献与管理启示

本书的理论贡献主要有以下几点：①对有机食品消费的文献进行系统梳理，构建了有机食品消费的整合分析框架，这将有助于更全面地认识有机食品的消费问题，为后续的研究提供了文献基础和理论视角。②引入健康关注和环境关注两个变量，构建了消费者价值观对有机食品购买意愿的影响机理模型，利己价值观通过健康关注影响有机食品购买意愿，利他价值观通过环境关注影响有机食品购买意愿，并利用问卷回收数据，进行假设检验。这将进一步完善消费者价值观视角下的有机食品消费研究，增强对有机食品购买意愿的解释力。③根据现有文献，确定了有机食品的五个感知属性，分别为营养成分、自然成分、生态关注、感官吸引力和感知价格，构建了这五个属性通过感知质量对顾客融入的影响机理。这将进一步丰富有机食品感知属性方面的研究。④从有机食品信任属性这一独特的特征入手，探索了有机食品信任属性对溢价支付意愿的影响机理，这将进一步提升有机食品溢价支付意愿的影响力。

本书将为政府，有机食品生产企业、零售商和消费者等利益主体提供如下几个方面的启示：①有机食品影响因素的整合分析框架可以帮助政府和有机食品生产企业对有机食品消费有一个更全面的了解，政府可以据此制定与有机食品相关的生产政策，促进有机食品行业发展，企业可以据此对有机食品进行设计，创造更高的顾客价值。②消费者价值观对有机食品购买意愿的影响机理模型，确定了利己价值观和利他价值观对有机食品购买意愿的影响作用。食品的基本功能是满足消费者饥饿的需求，这种需求的满足是利己价值观驱动的，但是有机食品对环境的关注属性，使得利他价值观也影响有机食品购买，企业可以在广告宣传上，突出环境关注的属性，使利他价值观在有机食品购买中发挥作用。③有机食品感知属性对顾客融入的影响机理分析得出营养成分对感知质量和顾客融入的影响均不显著，这与现有很多研究的结果相一致，现有一些研究指出，不能证明有机食品的营养成分高于普通食品，也就是说，企业在宣传过程中强调高营养成分不是一个明智的选择。相反，企业可以从自然成分和生态关注等方面入手，来提升顾客融入。

第三节　局限性与未来研究方向

通过对现有文献的整合分析，构建理论模型，进行实证研究，本书在理论上推进了有机食品消费问题的研究进展，在实践上能够给政府、企业和消费者提供很多有建设性的意见。总体来看，本书完成了设定的目标，但是本书还留下几点遗憾，未来可以在这些方面进行研究，进一步发展有机食品消费理论。

第一，在理论分析时，我们提出了一些可能影响有机食品消费过程的权变因素，例如，文化传统和国家类型等，但是在第四章至第六章的实证研究中，并未将任何一个权变因素纳入模型中进行实证检验。在未来，可以进一步识别出这些权变因素，进行实证检验。

第二，现实中很多人不购买有机食品的原因是价格因素，在第五章中，也检验了有机食品感知价格对感知质量和顾客融入的影响作用，价格可以提升感知质量，但是会降低顾客融入。价格作为影响有机食品消费的关键因素，虽然已经得到了大量研究的关注，但是得出的结论仍存在不一致的地方，本书并未对这些不一致从数据上给出合理的解释。未来，可以单独从价格入手，来探究价格对有机食品消费的影响机理。

第三，健康关注和环境关注是有机食品消费的两个关键动机，本书也检验了这两个变量对有机食品购买意愿的影响作用，但是在营销推广时，哪个因素发挥的作用更大，能够带来更多的信任？本书并未探索。未来可以进一步探索健康关注和环境关注的作用力大小，这将直接为企业营销提供决策依据。

第四，随着有机食品的不断发展，上市的有机食品种类越来越多，也有很多加工类有机食品，例如，啤酒、食用油等，不同类型的有机食品的消费可能存在不一样的模式，本书并未对有机食品进行分类研究，未来可以进一步对有机食品进行分类，分析不同类型的有机食品的消费模式，进而更精准地为有机食品企业提供决策依据。

参考文献

［1］ Aaker J. L., Lee A. Y. "I" seek pleasures and "we" avoid pains: The role of self-regulatory goals in information processing and persuasion ［J］. Journal of Consumer Research, 2001, 28 (1): 33-49.

［2］ Aarset B., Beckmann S., Bigne E., et al. The European consumers' understanding and perceptions of the "organic" food regime: The case of aquaculture ［J］. British Food Journal, 2004, 106 (2): 93-105.

［3］ Acebrón L. B., Dopico D. C. The importance of intrinsic and extrinsic cues to expected and experienced quality: An empirical application for beef ［J］. Food Quality and Preference, 2000, 11 (3): 229-238.

［4］ Aertsens J., Mondelaers K., Verbeke W., et al. The influence of subjective and objective knowledge on attitude, motivations and consumption of organic food ［J］. British Food Journal, 2011, 113 (11): 1353-1378.

［5］ Aertsens J., Verbeke W., Mondelaers K., et al. Personal determinants of organic food consumption: A review ［J］. British Food Journal, 2009, 111 (10): 1140-1167.

［6］ Ahmad S. N. B., Juhdi N. Organic food: A study on demographic characteristics and factors influencing purchase intentions among consumers in Klang Valley, Malaysia ［J］. International Journal of Business and Management, 2010, 5 (2): 105.

［7］ Ajzen I., Fishbein M. Attitudinal and normative variables as predictors of specific behavior ［J］. Journal of Personality and Social Psychology, 1973, 27 (1): 41-57.

［8］ Ajzen I. The theory of planned behavior ［J］. Organizational Behavior and Human Decision Processes, 1991, 50 (2): 179-211.

［9］ Alwitt L. F., Pitts R. E. Predicting purchase intentions for an environmentally sensitive product [J]. Journal of Consumer Psychology, 1996, 5 (1): 49-64.

[10] Armitage C. J., Conner M. Efficacy of the theory of planned behaviour: A meta-analytic review [J]. British Journal of Social Psychology, 2001, 40 (4): 471-499.

[11] Arora R. Validation of an SOR model for situation, enduring, and response components of involvement [J]. Journal of Marketing Research, 1982, 19 (4): 505-516.

[12] Arvola A., Vassallo M., Dean M., et al. Predicting intentions to purchase organic food: The role of affective and moral attitudes in the Theory of Planned Behaviour [J]. Appetite, 2008, 50 (2-3): 443-454.

[13] Aschemann - Witzel J., Grunert K. G. Influence of 'soft' versus 'scientific' health information framing and contradictory information on consumers' health inferences and attitudes towards a food supplement [J]. Food Quality and Preference, 2015, 42: 90-99.

[14] Auger P., Burke P., Devinney T. M., et al. What will consumers pay for social product features? [J]. Journal of Business Ethics, 2003, 42 (3): 281-304.

[15] Baker J., Levy M., Grewal D. An experimental approach to making retail store environmental decisions [J]. Journal of Retailing, 1992, 68 (4): 445-460.

[16] Baker S., Thompson K. E., Engelken J., et al. Mapping the values driving organic food choice: Germany vs the UK [J]. European Journal of Marketing, 2004, 38 (8): 995-1012.

[17] Bamberg S., Möser G. Twenty years after Hines, Hungerford, and Tomera: A new meta-analysis of psycho-social determinants of pro-environmental behaviour [J]. Journal of Environmental Psychology, 2007, 27 (1): 14-25.

[18] Bamberg S. How does environmental concern influence specific environmentally related behaviors? A new answer to an old question [J]. Journal of Environmental Psychology, 2003, 23 (1): 21-32.

[19] Bandura A. Health promotion from the perspective of social cognitive theory [J]. Psychology and Health, 1998, 13 (4): 623-649.

[20] Bandura A. Social cognitive theory of self-regulation [J]. Organizational Behavior and Human Decision Processes, 1991, 50 (2): 248-287.

［21］Barański M., Średnicka-Tober D., Volakakis N., et al. Higher antioxidant and lower cadmium concentrations and lower incidence of pesticide residues in organically grown crops: A systematic literature review and meta – analyses ［J］. British Journal of Nutrition, 2014, 112 (5): 794-811.

［22］Bardi A., Schwartz S. H. Values and behavior: Strength and structure of relations ［J］. Personality and Social Psychology Bulletin, 2003, 29 (10): 1207-1220.

［23］Beck A., Kahl J., Liebl B. Analysis of the current state of knowledge of the processing and quality of organic food, and of consumer protection. ［R］. FiBL, 2012.

［24］Becker N., Tavor T., Friedler L., et al. Two stages decision process toward organic food: The case of organic tomatoes in israel ［J］. Agroecology and Sustainable Food Systems, 2015, 39 (3): 342-361.

［25］Bezawada R., Pauwels K. What is special about marketing organic products? How organic assortment, price, and promotions drive retailer performance ［J］. Journal of Marketing, 2013, 77 (1): 31-51.

［26］Botonaki A., Polymeros K., Tsakiridou E., et al. The role of food quality certification on consumers' food choices ［J］. British Food Journal, 2006, 108 (2): 77-90.

［27］Bourn D., Prescott J. A comparison of the nutritional value, sensory qualities, and food safety of organically and conventionally produced foods ［J］. Critical Reviews in Food Science and Nutrition, 2002, 42 (1): 1-34.

［28］Brady M. K., Cronin Jr J. J. Customer orientation: Effects on customer service perceptions and outcome behaviors ［J］. Journal of Service Research, 2001, 3 (3): 241-251.

［29］Bruschi V., Shershneva K., Dolgopolova I., et al. Consumer perception of organic food in emerging markets: Evidence from Saint Petersburg, Russia ［J］. Agribusiness, 2015, 31 (3): 414-432.

［30］Cagalj M., Haas R., Morawetz U. B. Effects of quality claims on willingness to pay for organic food: Evidence from experimental auctions in Croatia ［J］. British Food Journal, 2016, 118 (9): 2218-2233.

［31］Campbell J., DiPietro R. B., Remar D. Local foods in a university setting:

Price consciousness, product involvement, price/quality inference and consumer's willingness-to-pay [J]. International Journal of Hospitality Management, 2014, 42: 39-49.

[32] Canavari M., Olson K. D. Organic Food: Consumers' choices and farmers' opportunities [J]. Springer Science +Business Mediapp, 2007 (1): 171-181.

[33] Cerjak M., Mesić Ž., Kopić M., et al. What motivates consumers to buy organic food: Comparison of Croatia, Bosnia Herzegovina, and Slovenia [J]. Journal of Food Products Marketing, 2010, 16 (3): 278-292.

[34] Chang H. S., Zepeda L. Consumer perceptions and demand for organic food in Australia: Focus group discussions [J]. Renewable Agriculture and Food Systems, 2005, 20 (3): 155-167.

[35] Chaudhuri A., Ligas M. Consequences of value in retail markets [J]. Journal of Retailing, 2009, 85 (3): 406-419.

[36] Chen M. Consumer attitudes and purchase intentions in relation to organic foods in Taiwan: Moderating effects of food-related personality traits [J]. Food Quality and Preference, 2007, 18 (7): 1008-1021.

[37] Chen X., Chan D. Y. C., Wei C. H.. The research on environmental conscious and green consumption behavior in China [J]. Service Science and Management, 2015, 4 (4): 30-36.

[38] Chinnici G., D'Amico M., Pecorino B. A multivariate statistical analysis on the consumers of organic products [J]. British Food Journal, 2002, 104 (3/4/5): 187-199.

[39] Cho S., Krasser A. H. What makes us care? The impact of cultural values, individual factors, and attention to media content on motivation for ethical consumerism [J]. International Social Science Review, 2011, 86 (1/2): 3-23.

[40] Chryssohoidis G. M, Krystallis A. Organic consumers' personal values research: Testing and validating the list of values (LOV) scale and implementing a value-based segmentation task [J]. Food Quality and Preference, 2005, 16 (7): 585-599.

[41] Cialdini R. B., Bator R. J., Guadagno R. E. Normative influences in organizations [M]// L. Thompson, D. Messick, J. Levine. Shared cognition in organizations: The

management of knowledge. Mahwah：Erlbaum，1999.

［42］Cialdini R. B., Reno R. R., Kallgren C. A. A focus theory of normative conduct：Recycling the concept of norms to reduce littering in public places ［J］. Journal of Personality and Social Psychology，1990，58（6）：1015-1026.

［43］Cicia G., Del Giudice T., Ramunno I. Environmental and health components in consumer perception of organic products：Estimation of willingness to pay ［J］. Journal of Food Products Marketing，2009，15（3）：324-336.

［44］Colla E. International expansion and strategies of discount grocery retailers：the winning models ［J］. International Journal of Retail & Distribution Management，2003，31（1）：55-66.

［45］Conner M., Armitage C. J. The social psychology of food ［M］. Buckingham：Open University Press，2002.

［46］Costell E., Tárrega A., Bayarri S. Food acceptance：The role of consumer perception and attitudes ［J］. Chemosensory Perception，2010，3（1）：42-50.

［47］Cox D. F. Risk taking and information handling in consumer behavior ［J］. Jaurnal of Marketing Research，1969（2）.

［48］Cranfield J., Deaton B. J., Shellikeri S. Evaluating consumer preferences for organic food production standards ［J］. Canadian Journal of Agricultural Economics/Revue Canadienne Agroeconomie，2009，57（1）：99-117.

［49］Dangour A. D., Lock K, Hayter A., et al. Nutrition-related health effects of organic foods：A systematic review ［J］. American Journal of Clinical Nutrition，2010，92（1）：203-210.

［50］Danneels E. The dynamics of product innovation and firm competences ［J］. Strategic Management Journal，2002，23（12）：1095-1121.

［51］Darby M. R., Karni E. Free competition and the optimal amount of fraud ［J］. The Journal of Law and Economics，1973，16（1）：67-88.

［52］Davies A., Titterington A. J., Cochrane C. Who buys organic food? A profile of the purchasers of organic food in Northern Ireland ［J］. British Food Journal，1995，97（10）：17-23.

［53］ De Barcellos M. D., Teixeira C. M., Venturini J. C. Personal values associated with political consumption: An exploratory study with university students in B razil ［J］. International Journal of Consumer Studies, 2014, 38 (2): 207-216.

［54］ De Groot J. I. M., Steg L. Mean or green: Which values can promote stable pro-environmental behavior? ［J］. Conservation Letters, 2009, 2 (2): 61-66.

［55］ De Magistris T., Gracia A. The decision to buy organic food products in Southern Italy ［J］. British Food Journal, 2008, 110 (9): 929-947.

［56］ Dean M., Raats M. M., Shepherd R. Moral concerns and consumer choice of fresh and processed organic foods 1 ［J］. Journal of Applied Social Psychology, 2008, 38 (8): 2088-2107.

［57］ Deliana Y. Market segmentation for organic products in Bandung West Java, Indonesia ［J］. Research Journal of Recent Sciences, 2012, 1 (3): 48-56.

［58］ Dick A., Chakravarti D., Biehal G. Memory-based inferences during consumer choice ［J］. Journal of Consumer Research, 1990, 17 (1): 82-93.

［59］ Didier T., Lucie S. Measuring consumer's willingness to pay for organic and Fair Trade products ［J］. International Journal of Consumer Studies, 2008, 32 (5): 479-490.

［60］ Doll J., Ajzen I. Accessibility and stability of predictors in the theory of planned behavior ［J］. Journal of Personality and Social Psychology, 1992, 63 (5): 754-765.

［61］ Doran C. J., Natale S. M. (Empatheia) and Caritas: The role of religion in fair trade consumption ［J］. Journal of Business Ethics, 2011, 98 (1): 1-15.

［62］ Doran C. J. The role of personal values in fair trade consumption ［J］. Journal of Business Ethics, 2009, 84 (4): 549-563.

［63］ Dunlap R., Van Liere K. The " new environmental paradigm": A proposed measuring instrument for environmental quality ［J］. Social Science Quarterly, 1978 (65): 1013-1028.

［64］ Dunlap R., Jones R., Environmental Concern: Conceptual and measurement issues ［M］. Dunlap R. E., Michelson W. Handbook of environmental sociology London:

Greenwood Press, 2002.

［65］Ellison B., Duff B. R. L., Wang Z., et al. Putting the organic label in context: Examining the interactions between the organic label, product type, and retail outlet ［J］. Food Quality and Preference, 2016, 49: 140-150.

［66］Fillion L., Arazi S. Does organic food taste better? A claim substantiation approach ［J］. Nutrition & Food Science, 2002, 32 (4): 153-157.

［67］Fishbein M., Ajzen I. Attitudes and voting behavior: An application of the theory of reasoned action ［J］. Progress in Applied Social Psychology, 1981, 1 (1): 253-313.

［68］Ford G. T., Smith D. B., Swasy J. L. An empirical test of the search, experience and credence attributes framework ［J］. Advances in Consumer Research, 1988, 15 (1): 239-243.

［69］Fotopoulos C., Krystallis A., Ness M. Wine produced by organic grapes in Greece: Using means—end chains analysis to reveal organic buyers' purchasing motives in comparison to the non-buyers ［J］. Food Quality and Preference, 2003, 14 (7): 549-566.

［70］Fransson N., Gärling T. Environmental concern: Conceptual definitions, measurement methods, and research findings ［J］. Journal of Environmental Psychology, 1999, 19 (4): 369-382.

［71］Furst T., Connors M., Bisogni C. A., et al. Food choice: A conceptual model of the process ［J］. Appetite, 1996, 26 (3): 247-266.

［72］Gad Mohsen M., Dacko S. An extension of the benefit segmentation base for the consumption of organic foods: A time perspective ［J］. Journal of Marketing Management, 2013, 29 (15-16): 1701-1728.

［73］Giannakas K. Information asymmetries and consumption decisions in organic food product markets ［J］. Canadian Journal of Agricultural Economics, 2002, 50 (1): 35-50.

［74］Giesler M., Veresiu E. Creating the responsible consumer: Moralistic governance regimes and consumer subjectivity ［J］. Journal of Consumer Research, 2014,

41 (3): 840-857.

[75] Gil J. M., Gracia A., Sanchez M. Market segmentation and willingness to pay for organic products in Spain [J]. The International Food and Agribusiness Management Review, 2000, 3 (2): 207-226.

[76] Girard T., Dion P. Validating the search, experience, and credence product classification framework [J]. Journal of Business Research, 2010, 63 (9 - 10): 1079-1087.

[77] Gould S. J. Consumer attitudes toward health and health care: A differential perspective [J]. Journal of Consumer Affairs, 1988, 22 (1): 96-118.

[78] Gracia A., De Magistris T. The demand for organic foods in the South of Italy: A discrete choice model [J]. Food Policy, 2008, 33 (5): 386-396.

[79] Grimmer M., Kilburn A. P., Miles M. P. The effect of purchase situation on realized pro-environmental consumer behavior [J]. Journal of Business Research, 2016, 69 (5): 1582-1586.

[80] Grønhøj A., Thøgersen J. Like father, like son? Intergenerational transmission of values, attitudes, and behaviours in the environmental domain [J]. Journal of Environmental Psychology, 2009, 29 (4): 414-421.

[81] Grunert K. G., Bech-Larsen T, Bredahl L. Three issues in consumer quality perception and acceptance of dairy products [J]. International Dairy Journal, 2000, 10 (8): 575-584.

[82] Guido G., Prete M. I., Peluso A. M., et al. The role of ethics and product personality in the intention to purchase organic food products: A structural equation modeling approach [J]. International Review of Economics, 2010, 57 (1): 79-102.

[83] Hamilton R. W., Biehal G. J. Achieving your goals or protecting their future? The effects of self-view on goals and choices [J]. Journal of Consumer Research, 2005, 32 (2): 277-283.

[84] Hamzaoui Essoussi L., Zahaf M. Decision making process of community organic food consumers: An exploratory study [J]. Journal of Consumer Marketing, 2008, 25 (2): 95-104.

［85］Harper G. C., Makatouni A. Consumer perception of organic food production and farm animal welfare ［J］. British Food Journal, 2002, 104 (3/4/5): 287-299.

［86］Hasselbach J. L., Roosen J. Motivations behind preferences for local or organic food ［J］. Journal of International Consumer Marketing, 2015, 27 (4): 295-306.

［87］Haugtvedt C. P., Petty R. E., Cacioppo J. T. Need for cognition and advertising: Understanding the role of personality variables in consumer behavior ［J］. Journal of Consumer Psychology, 1992, 1 (3): 239-260.

［88］Hauser M., Nussbeck F. W., Jonas K. The impact of food-related values on food purchase behavior and the mediating role of attitudes: A swiss study ［J］. Psychology & Marketing, 2013, 30 (9): 765-778.

［89］Haytko D. L., Matulich E. Green advertising and environmentally responsible consumer behaviors: Linkages examined ［J］. Journal of Management and Marketing Research, 2008, 1 (2): 1-11.

［90］Hemmerling S., Hamm U., Spiller A. Consumption behaviour regarding organic food from a marketing perspective—a literature review ［J］. Organic Agriculture, 2015, 5 (4): 277-313.

［91］Hill H., Lynchehaun F. Organic milk: Attitudes and consumption patterns ［J］. British Food Journal, 2002, 104 (7): 526-542.

［92］Hjelmar U. Consumers' purchase of organic food products. A matter of convenience and reflexive practices ［J］. Appetite, 2011, 56 (2): 336-344.

［93］Hoefkens C., Verbeke W., Aertsens J., et al. The nutritional and toxicological value of organic vegetables: Consumer perception versus scientific evidence ［J］. British Food Journal, 2009, 111 (10): 1062-1077.

［94］Hoffmann S., Schlicht J. The impact of different types of concernment on the consumption of organic food ［J］. International Journal of Consumer Studies, 2013, 37 (6): 625-633.

［95］Hollebeek L. D., Glynn M. S., Brodie R. J. Consumer brand engagement in social media: Conceptualization, scale development and validation ［J］. Journal of Interactive Marketing, 2014, 28 (2): 149-165.

［96］ Homer P. M., Kahle L. R. A structural equation test of the value-attitude-behavior hierarchy ［J］. Journal of Personality and Social Psychology, 1988, 54 (4): 638.

［97］ Honkanen P., Verplanken B., Olsen S. O. Ethical values and motives driving organic food choice ［J］. Journal of Consumer Behaviour, 2006, 5 (5): 420-430.

［98］ Honkanen P., Young J. A. What determines British consumers' motivation to buy sustainable seafood? ［J］. British Food Journal, 2015, 117 (4): 1289-1302.

［99］ Howard P. H., Allen P. Beyond organic: Consumer interest in new labelling schemes in the Central Coast of California ［J］. International Journal of Consumer Studies, 2006, 30 (5): 439-451.

［100］ Hsu S. Y., Chang C. C., Lin T. T. Triple bottom line model and food safety in organic food and conventional food in affecting perceived value and purchase intentions ［J］. British Food Journal, 2018.

［101］ Hughner R. S., McDonagh P., Prothero A., et al. Who are organic food consumers? A compilation and review of why people purchase organic food ［J］. Journal of Consumer Behaviour, 2007, 6 (2-3): 94-110.

［102］ IFICF. 2012 Food & health survey: Consumer attitudes toward food safety, nutrition and health. ［R］. International Food Information Council Foundation, 2012.

［103］ Janssen M., Hamm U. Product labelling in the market for organic food: Consumer preferences and willingness-to-pay for different organic certification logos ［J］. Food Quality and Preference, 2012, 25 (1): 9-22.

［104］ Jia C., Jukes D. The national food safety control system of China-a systematic review ［J］. Food Control, 2013, 32 (1): 236-245.

［105］ Jolly D. A. Differences between buyers and nonbuyers of organic produce and willingness to pay organic price premiums ［J］. Journal of Agribusiness, 1991, 9: 97-111.

［106］ Kanchanapibul M., Lacka E., Wang X., et al. An empirical investigation of green purchase behaviour among the young generation ［J］. Journal of Cleaner Production, 2014, 66: 528-536.

［107］ Kantamneni S. P., Coulson K. R. Measuring perceived value: Findings from preliminary research ［J］. Journal of Marketing Management, 1996, 6 (2): 72-86.

［108］ Kareklas I., Carlson J. R., Muehling D. D. "I eat organic for my benefit and yours": Egoistic and altruistic considerations for purchasing organic food and their implications for advertising strategists ［J］. Journal of Advertising, 2014, 43 (1): 18-32.

［109］ Kareklas I., Carlson J. R., Muehling D. D. The role of regulatory focus and self-view in "green" advertising message framing ［J］. Journal of Advertising, 2012, 41 (4): 25-39.

［110］ Kennedy O. B., Stewart-Knox B. J., Mitchell P. C., et al. Consumer perceptions of poultry meat: A qualitative analysis ［J］. Nutrition & Food Science, 2004, 34 (3): 122-129.

［111］ Kihlberg I., Risvik E. Consumers of organic foods-value segments and liking of bread ［J］. Food Quality and Preference, 2007, 18 (3): 471-481.

［112］ Klöckner C. A., Ohms S. The importance of personal norms for purchasing organic milk ［J］. British Food Journal, 2009, 111 (11): 1173-1187.

［113］ Kollmuss A., Agyeman J. Mind the Gap: Why do people act environmentally and what are the barriers to pro-environmental behavior? ［J］. Environmental Education Research, 2002, 8 (3): 239-260.

［114］ Konuk F. A. The role of store image, perceived quality, trust and perceived value in predicting consumers' purchase intentions towards organic private label food ［J］. Journal of Retailing and Consumer Services, 2018, 43: 304-310.

［115］ Kouba M. Quality of organic animal products ［J］. Livestock production science, 2003, 80 (1-2): 33-40.

［116］ Kriwy P., Mecking R. A. Health and environmental consciousness, costs of behaviour and the purchase of organic food ［J］. International Journal of Consumer Studies, 2012, 36 (1): 30-37.

［117］ Krystallis A., Arvanitoyannis I., Chryssohoidis G. Is there a real difference between conventional and organic meat? Investigating consumers' attitudes towards both meat types as an indicator of organic meat's market potential ［J］. Journal of Food Products Marketing, 2006, 12 (2): 47-78.

[118] Krystallis A., Chryssohoidis G. Consumers' willingness to pay for organic food: Factors that affect it and variation per organic product type [J]. British Food Journal, 2005, 107 (5): 320-343.

[119] Krystallis A., Fotopoulos C., Zotos Y. Organic consumers' profile and their willingness to pay (WTP) for selected organic food products in Greece [J]. Journal of International Consumer Marketing, 2006, 19 (1): 81-106.

[120] Krystallis A., Vassallo M., Chryssohoidis G., et al. Societal and individualistic drivers as predictors of organic purchasing revealed through a portrait value questionnaire (PVQ) -based inventory [J]. Journal of Consumer Behaviour, 2008, 7 (2): 164-187.

[121] Kyriakopoulos K., Ophuis P. A. M. O. A pre-purchase model of consumer choice for biological foodstuff [J]. Journal of International Food & Agribusiness Marketing, 1997, 8 (4): 37-53.

[122] Laroche M., Bergeron J., Barbaro-Forleo G. Targeting consumers who are willing to pay more for environmentally friendly products [J]. Journal of Consumer Marketing, 2001, 18 (6): 503-520.

[123] Lea E., Worsley T. Australians' organic food beliefs, demographics and values [J]. British Food Journal, 2005, 107 (11): 855-869.

[124] Lee H. J., Hwang J. The driving role of consumers' perceived credence attributes in organic food purchase decisions: A comparison of two groups of consumers [J]. Food Quality and Preference, 2016, 54: 141-151.

[125] Lee H. J., Yun Z. S. Consumers' perceptions of organic food attributes and cognitive and affective attitudes as determinants of their purchase intentions toward organic food [J]. Food Quality and Preference, 2015, 39: 259-267.

[126] Lindeman M., Väänänen M. Measurement of ethical food choice motives [J]. Appetite, 2000, 34 (1): 55-59.

[127] Lindquist J. D. Meaning of image-survey of empirical and hypothetical evidence [J]. Journal of Retailing, 1974, 50 (4): 29-38, 116.

［128］ Liu A., Niyongira R. Chinese consumers food purchasing behaviors and awareness of food safety ［J］. Food Control, 2017, 79: 185-191.

［129］ Lobo A., Chen J. Marketing of organic food in urban China: An analysis of consumers' lifestyle segments ［J］. Journal of International Marketing and Exporting, 2012, 17 (1): 14-26.

［130］ Lockie S., Lyons K., Lawrence G., et al. Choosing organics: A path analysis of factors underlying the selection of organic food among Australian consumers ［J］. Appetite, 2004, 43 (2): 135-146.

［131］ Lockie S., Lyons K., Lawrence G., et al. Eating 'green': Motivations behind organic food consumption in Australia ［J］. Sociologia Ruralis, 2002, 42 (1): 23-40.

［132］ Loebnitz N., Aschemann-Witzel J. Communicating organic food quality in China: Consumer perceptions of organic products and the effect of environmental value priming ［J］. Food Quality and Preference, 2016, 50: 102-108.

［133］ Louis D. N., Perry A., Reifenberger G., et al. The 2016 World Health Organization classification of tumors of the central nervous system: A summary ［J］. Acta Neuropathologica, 2016, 131 (6): 803-820.

［134］ Loureiro M. L., McCluskey J. J., Mittelhammer R. C. Assessing consumer preferences for organic, eco-labeled, and regular apples ［J］. Journal of Agricultural and Resource Economics, 2001, 26 (2): 404-416.

［135］ Magkos F., Arvaniti F., Zampelas A. Organic food: Buying more safety or just peace of mind? A critical review of the literature ［J］. Critical Reviews in Food Science and Nutrition, 2006, 46 (1): 23-56.

［136］ Magnusson M. K., Arvola A., Hursti U. K. K., et al. Choice of organic foods is related to perceived consequences for human health and to environmentally friendly behaviour ［J］. Appetite, 2003, 40 (2): 109-117.

［137］ Magnusson M. K., Arvola A., Koivisto Hursti U. K., et al. Attitudes towards organic foods among Swedish consumers ［J］. British Food Journal, 2001, 103 (3): 209-227.

［138］ Makatouni A. What motivates consumers to buy organic food in the UK? Results from a qualitative study [J]. British Food Journal, 2002, 104 (3/4/5): 345-352.

[139] Manuela V. Z., Manuel P. R., Eva M. M. A., et al. The influence of the term 'organic' on organic food purchasing behavior [J]. Procedia – Social and Behavioral Sciences, 2013, 81: 660-671.

[140] Marian L., Thøgersen J. Direct and mediated impacts of product and process characteristics on consumers' choice of organic vs. conventional chicken [J]. Food Quality and Preference, 2013, 29 (2): 106-112.

[141] Markus H. R., Kitayama S. Culture and the self: Implications for cognition, emotion, and motivation [J]. Psychological Review, 1991, 98 (2): 224-253.

[142] Massey M., O'Cass A., Otahal P. A meta-analytic study of the factors driving the purchase of organic food [J]. Appetite, 2018, 125: 418-427.

[143] McEachern M. G., Mcclean P. Organic purchasing motivations and attitudes: Are they ethical? [J]. International Journal of Consumer Studies, 2002, 26 (2): 85-92.

[144] McEachern M. G., Schröder M. J. A. The role of livestock production ethics in consumer values towards meat [J]. Journal of Agricultural and Environmental Ethics, 2002, 15 (2): 221-237.

[145] McEachern M. G., Willock J. Producers and consumers of organic meat: A focus on attitudes and motivations [J]. British Food Journal, 2004, 106 (7): 534-552.

[146] Mehrabian A., Russell J. A. An approach to environmental psychology [M]. Massachusetts: The MIT Press, 1974.

[147] Michaelidou N., Hassan L. M. The role of health consciousness, food safety concern and ethical identity on attitudes and intentions towards organic food [J]. International Journal of Consumer Studies, 2008, 32 (2): 163-170.

[148] Miller L. M. S., Cassady D. L. Making healthy food choices using nutrition facts panels. The roles of knowledge, motivation, dietary modifications goals, and age [J]. Appetite, 2012, 59 (1): 129-139.

[149] Mollen A., Wilson H. Engagement, telepresence and interactivity in online consumer experience: Reconciling scholastic and managerial perspectives [J]. Journal

of Business Research, 2010, 63 (9-10): 919-925.

[150] Moore O. Understanding postorganic fresh fruit and vegetable consumers at participatory farmers' markets in Ireland: Reflexivity, trust and social movements [J]. International Journal of Consumer Studies, 2006, 30 (5): 416-426.

[151] Morschett D., Swoboda B., Schramm-Klein H. Competitive strategies in retailing—an investigation of the applicability of Porter's framework for food retailers [J]. Journal of Retailing and Consumer Services, 2006, 13 (4): 275-287.

[152] Mostafa M. M. Gender differences in Egyptian consumers' green purchase behaviour: The effects of environmental knowledge, concern and attitude [J]. International Journal of Consumer Studies, 2007, 31 (3): 220-229.

[153] Mueller S., Szolnoki G. The relative influence of packaging, labelling, branding and sensory attributes on liking and purchase intent: Consumers differ in their responsiveness [J]. Food Quality & Preference, 2010, 21 (7): 774-783.

[154] Napolitano F., Girolami A., Braghieri A. Consumer liking and willingness to pay for high welfare animal-based products [J]. Trends in Food Science & Technology, 2010, 21 (11): 537-543.

[155] Nelson P. Information and consumer behavior [J]. Journal of Political Economy, 1970, 78 (2): 311-329.

[156] Netemeyer R. G., Krishnan B., Pullig C., et al. Developing and validating measures of facets of customer-based brand equity [J]. Journal of Business Research, 2004, 57 (2): 209-224.

[157] Nguyen T. N., Lobo A., Greenland S. Pro-environmental purchase behaviour: The role of consumers' biospheric values [J]. Journal of Retailing and Consumer Services, 2016, 33: 98-108.

[158] Nie C., Zepeda L. Lifestyle segmentation of US food shoppers to examine organic and local food consumption [J]. Appetite, 2011, 57 (1): 28-37.

[159] Nordlund A. M., Garvill J. Effects of values, problem awareness, and personal norm on willingness to reduce personal car use [J]. Journal of Environmental Psychology, 2003, 23 (4): 339-347.

［160］ Norman D., Bloomquist L., Janke R., et al. The meaning of sustainable agriculture: Reflections of some Kansas practitioners ［J］. American Journal of Alternative Agriculture, 2000, 15 (3): 129-136.

［161］ O'Donovan P., McCarthy M. Irish consumer preference for organic meat ［J］. British Food Journal, 2002, 104 (3/4/5): 353-370.

［162］ Olsen M. C., Slotegraaf R. J., Chandukala S. R. Green claims and message frames: How green new products change brand attitude ［J］. Journal of Marketing, 2014, 78 (5): 119-137.

［163］ Olson J. C., Jacoby J. Cue utilization in the quality perception process ［R］. Association for Consumer Research, 1972.

［164］ Padel S., Foster C. Exploring the gap between attitudes and behaviour: Understanding why consumers buy or do not buy organic food ［J］. British Food Journal, 2005, 107 (8): 606-625.

［165］ Paul J., Modi A., Patel J. Predicting green product consumption using theory of planned behavior and reasoned action ［J］. Journal of Retailing and Consumer Services, 2016, 29: 123-134.

［166］ Paul J., Rana J. Consumer behavior and purchase intention for organic food ［J］. Journal of Consumer Marketing, 2012, 29 (6): 412-422.

［167］ Pearson D., Henryks J., Jones H. Organic food: What we know (and do not know) about consumers ［J］. Renewable Agriculture and Food Systems, 2011, 26 (2): 171-177.

［168］ Peattie K., Ratnayaka M. Responding to the green movement ［J］. Industrial Marketing Management, 1992, 21 (2): 103-110.

［169］ Pimentel D., Hepperly P., Hanson J., et al. Environmental, energetic, and economic comparisons of organic and conventional farming systems ［J］. BioScience, 2005, 55 (7): 573-582.

［170］ Pino G., Peluso A. M., Guido G. Determinants of regular and occasional consumers' intentions to buy organic food ［J］. Journal of Consumer Affairs, 2012, 46 (1): 157-169.

[171] Prada M., Garrido M. V., Rodrigues D. Lost in processing? Perceived healthfulness, taste and caloric content of whole and processed organic food [J]. Appetite, 2017, 114: 175-186.

[172] Prentice C., Chen J., Wang X. The influence of product and personal attributes on organic food marketing [J]. Journal of Retailing and Consumer Services, 2019, 46: 70-78.

[173] Rana J., Paul J. Consumer behavior and purchase intention for organic food: A review and research agenda [J]. Journal of Retailing and Consumer Services, 2017, 38: 157-165.

[174] Rao A. R. , Monroe K. B. The Moderating Effect of Prior Knowledge on Cue Utilization in Product Evaluations [J]. Journal of Consumer Research, 1988, 15 (2): 253.

[175] Rao A. R., Monroe K. B. The effect of price, brand name, and store name on buyers' perceptions of product quality: An integrative review [J]. Journal of Marketing Research, 1989, 26 (3): 351-357.

[176] Reisch L., Eberle U., Lorek S. Sustainable food consumption: An overview of contemporary issues and policies [J]. Sustainability: Science, Practice and Policy, 2013, 9 (2): 7-25.

[177] Roberfroid M. B. Global view on functional foods: European perspectives [J]. British Journal of Nutrition, 2002, 88 (S2): S133-S138.

[178] Robert D., John R. Store atmosphere: An environmental psychology approach [J]. Journal of Retailing, 1982, 58 (1): 34-57.

[179] Robinson R., Smith C. Psychosocial and demographic variables associated with consumer intention to purchase sustainably produced foods as defined by the Midwest Food Alliance [J]. Journal of Nutrition Education and Behavior, 2002, 34 (6): 316-325.

[180] Rohan M. J. A rose by any name? The values construct [J]. Personality and Social Psychology Review, 2000, 4 (3): 255-277.

[181] Rousseau S. The role of organic and fair trade labels when choosing choco-

late [J]. Food Quality and Preference, 2015, 44: 92-100.

[182] Sanders R. A market road to sustainable agriculture? Ecological agriculture, green food and organic agriculture in China [J]. Development and Change, 2006, 37 (1): 201-226.

[183] Sangkumchaliang P., Huang W. C. Consumers' perceptions and attitudes of organic food products in Northern Thailand [J]. International Food and Agribusiness Management Review, 2012, 15 (1): 87-102.

[184] Santhi P., Jerinabi U., Gandhi N. M. Green consumerism-issues and implications [J]. Indian Journal of Marketing, 2007, 37 (1).

[185] Schifferstein H. N. J., Ophuis P. A. M. O. Health-related determinants of organic food consumption in the Netherlands [J]. Food Quality and Preference, 1998, 9 (3): 119-133.

[186] Schleenbecker R., Hamm U. Consumers' perception of organic product characteristics. A review [J]. Appetite, 2013, 71: 420-429.

[187] Schultz P. W., Gouveia V. V., Cameron L. D., et al. Values and their relationship to environmental concern and conservation behavior [J]. Journal of Cross-Cultural Psychology, 2005, 36 (4): 457-475.

[188] Schwartz S. H., Bilsky W. Toward a universal psychological structure of human values [J]. Journal of Personality and Social Psychology, 1987, 53 (3): 550.

[189] Schwartz S. H., Rubel-Lifschitz T. Cross-national variation in the size of sex differences in values: Effects of gender equality [J]. Journal of Personality and Social Psychology, 2009, 97 (1): 171-185.

[190] Schwartz S. H. Are there universal aspects in the structure and contents of human values? [J]. Journal of Social Issues, 1994, 50 (4): 19-45.

[191] Schwartz S. H. Normative explanations of helping behavior: A critique, proposal, and empirical test [J]. Journal of Experimental Social Psychology, 1973, 9 (4): 349-364.

[192] Schwartz S. H. Normative influences on altruism [J]. Advances in experimental social psychology, 1977 (10): 221-279.

［193］Schwartz S. H. Universals in the content and structure of values： Theoretical advances and empirical tests in 20 countries ［J］. Advances in experimental social psychology, 1992（25）: 1-65.

［194］Scott S., Si Z., Schumilas T., et al. Contradictions in state-and civil society-driven developments in China' s ecological agriculture sector ［J］. Food Policy, 2014, 45: 158-166.

［195］Seyfang G. Ecological citizenship and sustainable consumption: Examining local organic food networks ［J］. Journal of Rural Studies, 2006, 22（4）: 383-395.

［196］Siamagka N. T., Balabanis G. Revisiting consumer ethnocentrism: Review, reconceptualization, and empirical testing ［J］. Journal of International Marketing, 2015, 23（3）: 66-86.

［197］Sirieix L., Kledal P. R., Sulitang T. Organic food consumers' trade-offs between local or imported, conventional or organic products: A qualitative study in Shanghai ［J］. International Journal of Consumer Studies, 2011, 35（6）: 670-678.

［198］Smith S., Paladino A. Eating clean and green? Investigating consumer motivations towards the purchase of organic food ［J］. Australasian Marketing Journal, 2010, 18（2）: 93-104.

［199］Smith-Spangler C., Brandeau M. L., Hunter G. E., et al. Are organic foods safer or healthier than conventional alternatives: A systematic review ［J］. Annals of Internal Medicine, 2012, 157（5）: 348-366.

［200］Soler F., Gil J. M., Sanchez M. Consumers' acceptability of organic food in Spain: Results from an experimental auction market ［J］. British Food Journal, 2002, 104（8）: 670-687.

［201］Sparks P., Shepherd R. Self-identity and the theory of planned behavior: Assesing the role of identification with "green consumerism" ［J］. Social Psychology Quarterly, 1992, 55（4）: 388-399.

［202］Squires L., Juric B., Bettina Cornwell T. Level of market development and intensity of organic food consumption: Cross-cultural study of Danish and New Zealand consumers ［J］. Journal of Consumer Marketing, 2001, 18（5）: 392-409.

［203］ Steenkamp J. B. E. M. Conceptual model of the quality perception process ［J］. Journal of Business research, 1990, 21 （4）: 309-333.

［204］ Steen-Olsen K., Hertwich E. G. Life cycle assessment as a means to iden-tify the most effective action for sustainable consumption ［M］. Handbook of research on sustainable consumption, 2015.

［205］ Steg L., Bolderdijk J. W., Keizer K., et al. An integrated framework for encouraging pro-environmental behaviour: The role of values, situational factors and goals ［J］. Journal of Environmental Psychology, 2014, 38: 104-115.

［206］ Steg L., Dreijerink L., Abrahamse W. Factors influencing the acceptability of energy policies: A test of VBN theory ［J］. Journal of Environmental Psychology, 2005, 25 （4）: 415-425.

［207］ Steg L., Vlek C. Encouraging pro-environmental behaviour: An integrative review and research agenda ［J］. Journal of Environmental Psychology, 2009, 29 （3）: 309-317.

［208］ Steinmetz H., Schmidt P., Tina-Booh A., et al. Testing measurement in-variance using multigroup CFA: Differences between educational groups in human values measurement ［J］. Quality & Quantity, 2009, 43 （4）: 599-616.

［209］ Steptoe A., Pollard T. M., Wardle J. Development of a measure of the mo-tives underlying the selection of food: The food choice questionnaire ［J］. Appetite, 1995, 25 （3）: 267-284.

［210］ Stern P. C., Dietz T., Abel T., et al. A value-belief-norm theory of sup-port for social movements: The case of environmentalism ［J］. Human Ecology Review, 1999, 6 （2）: 81-97.

［211］ Stern P. C., Dietz T., Kalof L. Value orientations, gender, and environ-mental concern ［J］. Environment and Behavior, 1993, 25 （5）: 322-348.

［212］ Stern P. C., Dietz T. The value basis of environmental concern ［J］. Jour-nal of Social Issues, 1994, 50 （3）: 65-84.

［213］ Stern P. C., Kalof L., Dietz T., et al. Values, beliefs, and proenviron-mental action: Attitude formation toward emergent attitude objects ［J］. Journal of Applied Social Psychology, 1995, 25 (18): 1611-1636.

[214] Stern P. C. New environmental theories: Toward a coherent theory of environmentally significant behavior [J]. Journal of Social Issues, 2000, 56 (3): 407-424.

[215] Stobbelaar D. J., Casimir G., Borghuis J., et al. Adolescents' attitudes towards organic food: A survey of 15-to 16-year old school children [J]. International Journal of Consumer Studies, 2007, 31 (4): 349-356.

[216] Storstad O., Bjørkhaug H. Foundations of production and consumption of organic food in Norway: Common attitudes among farmers and consumers? [J]. Agriculture and Human Values, 2003, 20 (2): 151-163.

[217] Suitner C., Maass A. The role of valence in the perception of agency and communion [J]. European Journal of Social Psychology, 2008, 38 (7): 1073-1082.

[218] Tarkiainen A., Sundqvist S. Subjective norms, attitudes and intentions of Finnish consumers in buying organic food [J]. British Food Journal, 2005, 107 (11): 808-822.

[219] Teng C., Lu C. Organic food consumption in Taiwan: Motives, involvement, and purchase intention under the moderating role of uncertainty [J]. Appetite, 2016, 105: 95-105.

[220] Thøgersen J., De Barcellos M. D., Perin M. G., et al. Consumer buying motives and attitudes towards organic food in two emerging markets: China and Brazil [J]. International Marketing Review, 2015, 32 (3/4): 389-413.

[221] Thøgersen J., Ölander F. Human values and the emergence of a sustainable consumption pattern: A panel study [J]. Journal of Economic Psychology, 2002, 23 (5): 605-630.

[222] Thøgersen J., Ölander F. To what degree are environmentally beneficial choices reflective of a general conservation stance? [J]. Environment and Behavior, 2006, 38 (4): 550-569.

[223] Thøgersen J., Zhou Y., Huang G. How stable is the value basis for organic food consumption in China? [J]. Journal of Cleaner Production, 2016, 134: 214-224.

［224］Thøgersen J. Green shopping: For selfish reasons or the common good? [J]. American Behavioral Scientist, 2011, 55（8）: 1052-1076.

［225］Thomas T., Gunden C. Investigating consumer attitudes toward food produced via three production systems: Conventional, sustainable and organic [J]. Journal of Food, Agriculture & Environment, 2012, 10（2）: 55-58.

［226］Thompson S. C. G., Barton M. A. Ecocentric and Anthropocentric Attitudes Toward the Environment [J]. Journal of Environmental Psychology, 1994, 14（2）: 149-157.

［227］Tiozzo B., Mari S., Ruzza M., et al. Consumers' perceptions of food risks: A snapshot of the Italian Triveneto area [J]. Appetite, 2017, 111: 105-115.

［228］Torjusen H., Lieblein G., Wandel M., et al. Food system orientation and quality perception among consumers and producers of organic food in Hedmark County, Norway [J]. Food Quality and Preference, 2001, 12（3）: 207-216.

［229］Tregear A., Dent J. B., McGregor M. J. The demand for organically grown produce [J]. British Food Journal, 1994, 96（4）: 21-25.

［230］Tsakiridou E., Boutsouki C., Zotos Y., et al. Attitudes and behaviour towards organic products: An exploratory study [J]. International Journal of Retail & Distribution Management, 2008, 36（2）: 158-175.

［231］Umberger W. J., Thilmany McFadden D. D., Smith A. R. Does altruism play a role in determining U. S. consumer preferences and willingness to pay for natural and regionally produced beef? [J]. Agribusiness, 2009, 25（2）: 268-285.

［232］Van Doorn J., Verhoef P. C. Drivers of and barriers to organic purchase behavior [J]. Journal of Retailing, 2015, 91（3）: 436-450.

［233］Van Loo E. J., Diem M. N. H., Pieniak Z., et al. Consumer attitudes, knowledge, and consumption of organic yogurt [J]. Journal of Dairy Science, 2013, 96（4）: 2118-2129.

［234］Van Loo E., Caputo V., Nayga Jr R. M., et al. Effect of organic poultry purchase frequency on consumer attitudes toward organic poultry meat [J]. Journal of Food Science, 2010, 75（7）: 384-397.

［235］Verbeke W., Velde L. V., Mondelaers K., et al. Consumer attitude and behaviour towards tomatoes after 10 years of Flandria quality labelling［J］. International Journal of Food Science & Technology, 2008, 43（9）: 1593-1601.

［236］Vivek S. D., Beatty S. E., Dalela V., et al. A generalized multidimensional scale for measuring customer engagement［J］. Journal of Marketing Theory and Practice, 2014, 22（4）: 401-420.

［237］Wandel M., Bugge A. Environmental concern in consumer evaluation of food quality［J］. Food Quality and Preference, 1997, 8（1）: 19-26.

［238］Wandel M. Consumer concern and behaviour regarding food and health in Norway［J］. Journal of Consumer Studies & Home Economics, 1994, 18（3）: 203-215.

［239］Wang H. H., Zhang R. W., Ortega D. L. Chinese food safety situation in a globalized world market［J］. Journal of Chinese Economics, 2013, 1（1）: 114-124.

［240］Wier M., Andersen L. M., Millock K., et al. Perceptions, values and behaviour: The case of organic foods［J］. Agriculture and Human Values, 2005（1）.

［241］Wilkins J. L., Hillers V. N. Influences of pesticide residue and environmental concerns on organic food preference among food cooperative members and non-members in Washington State［J］. Journal of Nutrition Education, 1994, 26（1）: 26-33.

［242］Willer H., Lernoud J. The World of Organic Agriculture. Statistics and Emerging Trends 2015［R］. FiBL-IFOAM Report, 2015.

［243］Winter C. K., Davis S. F. Organic foods［J］. Journal of Food Science, 2006, 71（9）: 117-124.

［244］Wirth F. F., Stanton J. L., Wiley J. B. The relative importance of search versus credence product attributes: Organic and locally grown［J］. Agricultural and Resource Economics Review, 2011, 40（1）: 48-62.

［245］Wood W., Hayes T. Social Influence on consumer decisions: Motives, modes, and consequences［J］. Journal of Consumer Psychology, 2012, 22（3）: 324-328.

［246］Yadav R., Pathak G. S. Intention to purchase organic food among young consumers: Evidences from a developing nation［J］. Appetite, 2016, 96: 122-128.

［247］ Yadav R. Altruistic or egoistic: Which value promotes organic food consumption among young consumers? A study in the context of a developing nation ［J］. Journal of Retailing and Consumer Services, 2016, 33: 92-97.

［248］ Yazdanpanah M., Forouzani M., Hojjati M. Willingness of Iranian young adults to eat organic foods: Application of the Health Belief Model ［J］. Food Quality and Preference, 2015, 41: 75-83.

［249］ Yin S., Wu L., Du L., et al. Consumers' purchase intention of organic food in China ［J］. Journal of the Science of Food and Agriculture, 2010, 90 (8): 1361-1367.

［250］ Yiridoe E. K., Bonti-Ankomah S., Martin R. C. Comparison of consumer perceptions and preference toward organic versus conventionally produced foods: A review and update of the literature ［J］. Renewable Agriculture and Food Systems, 2005, 20 (4): 193-205.

［251］ Yoo B., Donthu N., Lee S. An examination of selected marketing mix elements and brand equity ［J］. Journal of the Academy of Marketing Science, 2000, 28 (2): 195-211.

［252］ Zagata L. Consumers' beliefs and behavioural intentions towards organic food. Evidence from the Czech Republic ［J］. Appetite, 2012, 59 (1): 81-89.

［253］ Zander K., Hamm U. Consumer preferences for additional ethical attributes of organic food ［J］. Food Quality and Preference, 2010, 21 (5): 495-503.

［254］ Zanoli R., Naspetti S. Consumer motivations in the purchase of organic food: A means-end approach ［J］. British Food Journal, 2002, 104 (8): 643-653.

［255］ Zeithaml V. A. Consumer perceptions of price, quality, and value: A means-end model and synthesis of evidence ［J］. Journal of Marketing, 1988, 52 (3): 2-22.

［256］ Zepeda L., Deal D. Organic and local food consumer behaviour: Alphabet theory ［J］. International Journal of Consumer Studies, 2009, 33 (6): 697-705.

［257］ Zepeda L., Li J. Characteristics of organic food shoppers ［J］. Journal of Agricultural and Applied Economics, 2007, 39 (1): 17-28.

［258］Zimmer M. R., Golden L. L. Impressions of retail stores：A content analysis of consumer images ［J］. Journal of Retailing, 1988, 64（3）：265-293.

［259］陈新建, 董涛. 有机食品溢价、消费者认知与支付意愿研究——以有机水果为例的实证分析 ［J］. 价格理论与实践, 2012（11）：84-85.

［260］徐祎飞, 李彩香, 姜香美. 计划行为理论（TPB）在志愿服务行为研究中的应用 ［J］. 人力资源管理, 2012（11）：102-104.

［261］李宗伟, 张艳辉, 栾东庆. 哪些因素影响消费者的在线购买决策？——顾客感知价值的驱动作用 ［J］. 管理评论, 2017, 29（8）：136-146.

［262］刘国华, 苏勇. 高溢价产品的品牌资产驱动因素模型初探 ［J］. 经济管理, 2006（16）：37-42.

［263］刘子飞. 中国绿色农业发展历程、现状与预测 ［J］. 改革与战略, 2016, 32（12）：94-102.

［264］施晓峰, 吴小丁. 商品组合价值与溢价支付意愿的关系研究 ［J］. 北京工商大学学报（社会科学版）, 2011, 26（2）：49-55.

［265］吴泗宗, 揭超, 熊国钺. 感知差异化对零售店顾客惠顾与支付意愿影响机理研究 ［J］. 经济与管理研究, 2011（4）：86-95.

［266］吴小丁, 苏立勋, 魏胜. 基于情绪信任的店铺环境线索与再惠顾行为关系研究 ［J］. 经济管理, 2016, 548（8）：98-108.

［267］闫岩. 计划行为理论的产生、发展和评述 ［J］. 国际新闻界, 2014, 36（7）：113-129.

附录 1

尊敬的先生/女士：

您好！我是哈尔滨商业大学管理学院有机食品消费项目组的研究员，正在进行一项调查。此次调查不涉及个人隐私，无任何商业用途，仅用于科研。请您根据实际情况给下列问题打分，无对错之分，感谢参与！

有机食品，也叫生态食品，是国际上对无污染天然食品比较统一的提法。有机食品通常来自于有机农业生产体系，是根据国际有机农业生产要求和相应的标准生产加工的。

请根据自己的真实想法，用"○"圈出您对下列句子的同意程度。

序号	句子	非常不同意	比较不同意	说不清	比较同意	非常同意
PI1	我很乐意购买有机食品	1	2	3	4	5
PI2	我期望食用有机食品	1	2	3	4	5
PI3	我将来会购买有机食品	1	2	3	4	5
PI4	我未来会食用有机食品	1	2	3	4	5
PI5	我打算在未来两周内购买有机食品	1	2	3	4	5
H1	我精心挑选食物以确保身体健康	1	2	3	4	5
H2	我认为我自己是一个有健康意识的消费者	1	2	3	4	5
H3	我经常想到与健康有关的问题	1	2	3	4	5
En1	自然界的平衡很脆弱，很容易被打乱	1	2	3	4	5
En2	人类正在严重地破坏环境	1	2	3	4	5
En3	为了生存，人类必须保持与自然的平衡	1	2	3	4	5
En4	人类对自然的干扰常常产生灾难性的后果	1	2	3	4	5
Am1	我非常担心污染对动植物的危害	1	2	3	4	5
Am2	我非常关心食品生产是否会对动物造成伤害	1	2	3	4	5

序号	句子	非常 不同意	比较 不同意	说不清	比较 同意	非常 同意
Am3	我非常关心动物的感受	1	2	3	4	5
V1	权力：领导或指挥的权力	1	2	3	4	5
V2	社会力量：控制或支配他人	1	2	3	4	5
V3	财富：物质财富、金钱	1	2	3	4	5
V4	影响力：对其他人和其他事有影响	1	2	3	4	5
V5	社会公平：纠正不公平，照顾弱者	1	2	3	4	5
V6	助人：为他人的福利而工作	1	2	3	4	5
V7	平等：人人都有平等的机会	1	2	3	4	5
V8	和平：没有战争和冲突	1	2	3	4	5

1. 您的性别：A. 男　　B. 女

2. 您的年龄：A. 19 岁（含）以下　　B. 20~29 岁　　C. 30~39 岁
　　　　　　　D. 40~49 岁　　　　　　E. 50~59 岁　　F. 60 岁及以上

3. 您的学历：A. 高中、中专及以下　　B. 大专、本科　　C. 研究生及以上

4. 您个人的月收入：A. 3000 元及以下　B. 3001~5000 元　C. 5001~7000 元
　　　　　　　　　D. 7001~9000 元　E. 9000 元以上

5. 您的职业：A. 学生　　B. 公务员　　C. 教师、医生、科研人员
　　　　　　　D. 企业经营者　　E. 公司职员　　F. 工人　　G. 待业人员
　　　　　　　H. 职业主妇　　I. 其他

6. 婚姻状况：A. 已婚　　B. 未婚　　C. 离异　　D. 丧偶

7. 请问您购买过有机食品吗？A. 是　　B. 否

调查到此结束，再次感谢您的帮助！_____先生/女士　电话：_____

附录 2

尊敬的先生/女士：

您好！我是哈尔滨商业大学管理学院有机食品消费项目组的研究员，正在进行一项调查。此次调查不涉及个人隐私，无任何商业用途，仅用于科研。请您根据实际情况给下列问题打分，无对错之分，感谢参与！

有机食品，也叫生态食品，是国际上对无污染天然食品比较统一的提法。有机食品通常来自于有机农业生产体系，是根据国际有机农业生产要求和相应的标准生产加工的。

请根据自己的真实想法，用"○"圈出您对下列句子的同意程度。

序号	句子	非常不同意	比较不同意	说不清	比较同意	非常同意
Y1	有机食品包含许多维生素和矿物质	1	2	3	4	5
Y2	有机食品使我保持健康	1	2	3	4	5
Y3	有机食品是营养的	1	2	3	4	5
Y4	有机食品是高蛋白的	1	2	3	4	5
Z1	有机食品不含添加剂	1	2	3	4	5
Z2	有机食品包含天然原料	1	2	3	4	5
Z3	有机食品不含人工配料	1	2	3	4	5
D1	某种程度上，有机食品的生产并没有破坏大自然的平衡	1	2	3	4	5
D2	有机食品以一种保护生态环境的方式包装	1	2	3	4	5
D3	有机食品的生产过程中动物没有感觉到痛苦	1	2	3	4	5
D4	有机食品的生产过程中动物的权利得到了尊重	1	2	3	4	5

续表

序号	句子	非常 不同意	比较 不同意	说不清	比较 同意	非常 同意
G1	有机食品外观吸引人	1	2	3	4	5
G2	有机食品口感好	1	2	3	4	5
G3	有机食品吃起来很美味	1	2	3	4	5
P1	有机食品是昂贵的	1	2	3	4	5
P2	有机食品的价格很高	1	2	3	4	5
Q1	有机食品的质量可能极高	1	2	3	4	5
Q2	有机食品的质量一定很好	1	2	3	4	5
Q3	有机食品是高质量的	1	2	3	4	5
I1	我在有机食品上花费大量的时间和金钱	1	2	3	4	5
I2	我对有机食品很感兴趣	1	2	3	4	5
I3	我很喜欢有机食品	1	2	3	4	5
I4	没有有机食品，我的生活会不一样	1	2	3	4	5
I5	任何与有机食品有关的事情都会引起我的关注	1	2	3	4	5
I6	我想更多地了解有机食品	1	2	3	4	5
I7	我非常关注有关有机食品的一切	1	2	3	4	5
I8	我喜爱与朋友一起享用有机食品	1	2	3	4	5
I9	当我与他人一起时，我更加酷爱有机食品	1	2	3	4	5
I10	当周围人也选用有机食品的时候，我对有机食品更加充满乐趣	1	2	3	4	5

1. 您的性别：A. 男　B. 女

2. 您的年龄：A. 18 岁以下　B. 18~25 岁　　C. 26~35 岁　　D. 36~50 岁
　　　E. 50 岁以上

3. 您的学历：A. 高中以下　B. 高中或中专　C. 大专或本科　D. 研究生及以上

4. 您个人的月收入：A. 3000 元及以下　B. 3001~5000 元　C. 5001~8000 元
　　　　D. 8000 元以上

调查到此结束，再次感谢您的帮助！_____先生/女士　电话：_____

附录 3

有机食品，也叫生态食品，是国际上对无污染天然食品比较统一的提法。有机食品通常来自于有机农业生产体系，是根据国际有机农业生产要求和相应的标准生产加工的。

请根据自己的真实想法，用"○"圈出您对下列句子的同意程度。

序号	句子	非常不同意	比较不同意	说不清	比较同意	非常同意
S1	有机食品不含添加剂	1	2	3	4	5
S2	有机食品不含人造成分	1	2	3	4	5
S3	有机食品含天然成分	1	2	3	4	5
E1	有机食品的生产过程不对环境造成危害	1	2	3	4	5
E2	有机食品生产不会造成自然的失衡	1	2	3	4	5
E3	有机食品以环保的方式进行包装	1	2	3	4	5
E4	有机食品的生产不会伤害到动物的生存	1	2	3	4	5
Q1	有机食品的质量可能是极高的	1	2	3	4	5
Q2	有机食品的质量一定非常好	1	2	3	4	5
Q3	有机食品的质量很高	1	2	3	4	5
V1	总的来说，有机食品的价值对我来说非常高	1	2	3	4	5
V2	有机食品满足我需求和欲望的整体能力非常高	1	2	3	4	5
P1	相对来说，我愿意花更高的价钱购买有机食品	1	2	3	4	5

1. 您的性别：A. 男　　　B. 女

2. 您的年龄：A. 18 岁以下　B. 18~25 岁　C. 26~35 岁　D. 36~50 岁
　　　　　　E. 50 岁以上

3. 您的学历：A. 高中以下　B. 高中或中专　C. 大专或本科　D. 研究生及以上

4. 您个人的月收入：A. 3000 元及以下　B. 3001~5000 元　C. 5001~8000 元
　　　　　　　　D. 8000 元以上

调查到此结束，再次感谢您的帮助！_____先生/女士　电话：_____